Previsão e controle das fundações

Blucher

Urbano Rodriguez Alonso

Professor aposentado da Faculdade de Engenharia da
Fundação Armando Alvares Penteado
Professor aposentado da Escola de Engenharia da Universidade Mackenzie

Previsão e controle das fundações

Uma introdução ao controle da qualidade em fundações

3ª edição

Previsão e controle das fundações: uma introdução ao controle da qualidade em fundações

2ª edição - 2011
3ª edição - 2019
Editora Edgard Blücher Ltda.

Blucher

Rua Pedroso Alvarenga, 1245, 4° andar
04531-012 - São Paulo - SP - Brasil
Tel.: 55 11 3078-5366
contato@blucher.com.br
www.blucher.com.br

Segundo o Novo Acordo Ortográfico, conforme 5. ed. do *Vocabulário Ortográfico da Língua Portuguesa*, Academia Brasileira de Letras, março de 2009.

Dados Internacionais de Catalogação na Publicação (CIP)
Angélica Ilacqua CRB-8/7057

Alonso, Urbano Rodriguez
Previsão e controle das fundações : uma introdução ao controle da qualidade em fundações / Urbano Rodriguez Alonso. - 3. ed. - São Paulo : Blucher, 2019.
154 p.

Bibliografia
ISBN 978-85-212-1388-8 (impresso)
ISBN 978-85-212-1389-5 (e-book)

1. Fundações (Engenharia) 2. Fundações (Engenharia) - Controle 3. Fundações (Engenharia) - Previsão I. Título

18-2177 CDD 624.15

Índices para catálogo sistemático:
1. Engenharia de fundações 624.15
2. Fundações : Engenharia 624.15

A minha esposa, meus filhos e meu neto.

APRESENTAÇÃO

Este livro é o terceiro de uma série iniciada em 1983, quando foi lançado, com o auxílio da editora Blucher, o livro **Exercícios de Fundações**, seguido em 1988, pelo lançamento do segundo livro, **Dimensionamento de Fundações Profundas**. Esses dois primeiros livros abordam os critérios de projeto, sendo o primeiro mais voltado para os aspectos da **geometria** das fundações, e o segundo, para os da **geotecnia**, em particular das fundações profundas, pois as rasas já haviam sido abordadas no primeiro. Este terceiro livro vem complementar a proposição da série, tratando de outro aspecto muito importante em fundações, que é o do seu controle, tanto durante quanto após sua execução. Infelizmente, este assunto nem sempre teve a atenção merecida, pois analogamente ao que ocorre no campo da saúde, poucos são aqueles que se preocupam com a medicina preventiva e, portanto, só procuram o médico e os remédios para seus males quando estes atingem um estado crônico, e, às vezes, fatal.

Quando se faz referência ao controle, é importante não confundí-lo com o que os leigos em fundações denominam **registro**, pois o fato de se registrarem vários dados e eventos ocorridos durante a execução da fundação não implica, obrigatoriamente, em controlar a mesma. O controle pressupõe, além do registro, a interpretação dos dados registrados, de maneira rápida e objetiva, utilizando-se as premissas adotadas para a elaboração do projeto.

Se, durante a execução da fundação, as premissas de projeto vão sendo confirmadas, nada deve ser mudado na execução; ao contrário, se ocorrerem diferenças em relação ao previsto, estas devam ser, imediatamente, comunicadas à equipe de projeto, para que se proceda a incorporação desses novos dados e sua revisão, se necessário.

Portanto, o controle é um constante **registro** e **troca de informações** entre as equipes de campo e de projeto. Evidentemente que o **registro das informações** é um documento importante nessa troca de informações, mas o simples registro dos eventos, sem a participação e interpretação dos mesmos pela equipe de projeto, não faz qualquer sentido no que se pretende denominar **controle de uma fundação**. Dentro desse conceito, o projeto de fundações é uma atividade dinâmica e não estática. O Capítulo 1 deste livro aborda, conceitualmente, esse aspecto da questão.

Outro aspecto importante do controle é o que se entende por **coeficiente de segurança de uma fundação**. Aqui há que levar em conta as diferentes filosofias adotadas pelas normas técnicas referentes às estruturas, como, por exemplo, a NBR 6118, e às fundações (NBR 6122). Quando se analisa a segurança nas fundações, estão envolvidos não só os aspectos de ruptura dos materiais que as compõem (elementos estruturais e o maciço que lhe dão suporte), mas também os mecanismos potenciais de ruptura do maciço. Além disso, mesmo que se garanta não haver ruptura de ambos, os problemas de deformações também devem ser levados em conta, pois o maciço, que geralmente é o elo mais fraco de uma fundação, é um meio mais deformável que os elementos estruturais que compõem a mesma. Os Capítulos 2 e 3 tratam desses dois assuntos.

Os Capítulos 4 e 5 tratam, respectivamente, das **previsões**, das cargas e dos recalques admissíveis que são usados para a elaboração do projeto e que servirão de subsídio à equipe de controle para conduzir a execução da obra.

Finalmente, os Capítulos 6 e 7 tratam da questão básica a que se propõe este livro, ou seja, como devem ser feitos os controles das cargas e dos deslocamentos admissíveis.

Espero, mais uma vez, como já ocorreu com os dois primeiros livros, que este também venha a ser útil aos meus colegas, e, ainda mais uma vez, informo que qualquer sugestão para melhorar o conhecimento do assunto será sempre bem recebida e incorporada ao texto, bastando, para tanto, que a mesma seja encaminhada à editora Blucher, que a fará chegar às minhas mãos.

O autor
São Paulo, 1991

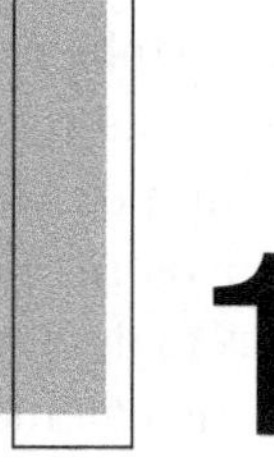

1 INTRODUÇÃO AO CONTROLE DA QUALIDADE NAS FUNDAÇÕES

1.1 ASPECTOS GERAIS

As fundações, como qualquer outra parte de uma estrutura, devem ser projetadas e executadas para garantir, sob a ação das cargas em serviço, as condições mínimas, demonstradas a seguir (Figura 1.1):

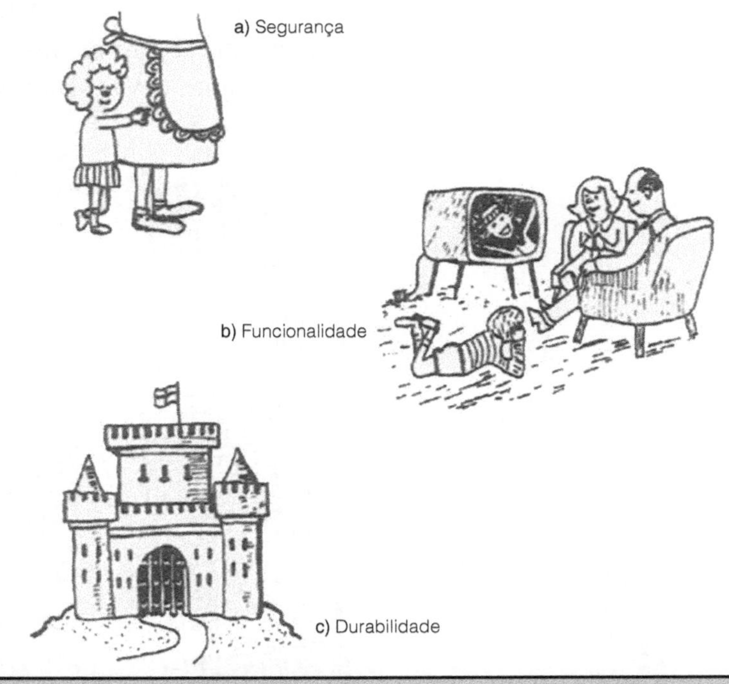

Figura 1.1 – Garantias mínimas de uma fundação.

a) **Segurança**, isto é, atender aos coeficientes de segurança contra a ruptura, fixados pelas normas técnicas, tanto no que diz respeito às resistências dos elementos estruturais que a compõem, quanto às do solo que lhe dá suporte.

b) **Funcionalidade**, garantindo deslocamentos compatíveis com o tipo e a finalidade a que se destina a estrutura. Os recalques (deslocamentos verticais descendentes) devem ser estimados, na fase de projeto, num trabalho conjunto entre as equipes que calculam a estrutura e a fundação. As reações, para o cálculo das fundações, fornecidas pela primeira equipe, são usadas como ações pela segunda, que deverá, também, estimar os recalques correspondentes. Se os valores desses recalques não estiverem dentro da ordem de grandeza daqueles inicialmente fixados pela equipe de cálculo da estrutura, deverá ser feita uma reavaliação das cargas, impondo-se estes novos recalques. O confronto e ajuste entre esses valores (recalques prefixados pela equipe da estrutura para o cálculo das cargas e recalques calculados pela equipe de fundações a partir dessas cargas) é o que se denomina interação solo-estrutura.

c) **Durabilidade**, apresentando vida útil, no mínimo, igual ao da estrutura. Nesse aspecto, torna-se necessário um estudo minucioso das variações das resistências dos materiais constituintes das fundações, do solo e das cargas atuantes, ao longo do tempo.

A maneira como são atendidas as condições mencionadas irá refletir-se no desempenho da fundação (Figura 1.2). O bom desempenho está intimamente ligado ao controle e à garantia da qualidade impostos pelas equipes envolvidas com o projeto e a execução da fundação.

Figura 1.2 – Desempenho de uma fundação.

1.2 GARANTIA DA QUALIDADE

Segundo a International Standards Organization (ISO), define-se garantia da qualidade como o conjunto de ações planejadas e sistemáticas necessárias para prover confiança adequada de que os produtos, processos e serviços satisfarão determinados requisitos de qualidade.

A qualidade nada mais é do que a adequação ao uso, isto é, a propriedade que permite avaliar e, consequentemente, aprovar, aceitar ou recusar qualquer serviço ou produto. É, portanto, um conceito relativo, que varia com o tempo, seja em decorrência da descoberta de novas tecnologias, seja em função dos custos envolvidos ou outros aspectos da questão. Segundo Velloso (1990), a garantia da qualidade tem uma função pedagógica, que deve se estender a toda a empresa, desde o topo da direção até o mais subalterno servidor, sendo a ignorância o maior inimigo da qualidade, e a burocracia o maior inimigo da garantia da qualidade. Além disso, só se pode controlar aquilo que se pode verificar e só se pode exigir o que se pode controlar.

Ainda segundo Velloso (1990), do ponto de vista de sua aplicabilidade, a garantia da qualidade requer um certo número de precondições:

a) A qualidade a ser obtida deve ser claramente definida.

b) Os procedimentos de garantia da qualidade devem ser definidos claramente e integrados no organograma para planejamento, projeto e execução.

c) Os procedimentos da garantia da qualidade devem ser executados e os resultados devem ser documentados.

d) Se o controle continuado provar que a qualidade não é obtida, o programa deve ser redirecionado no sentido de identificar os pontos de deficiência e eliminá-los, através de nova metodologia de trabalho, treinamento, substituição de profissionais inadequados às funções que exercem etc.

Concluindo, Velloso (1990) enfatiza que, especificamente em fundações, o cumprimento dos formalismos da garantia da qualidade não significa que o bom desempenho esteja assegurado, pois um aspecto que diferencia um projeto de estrutura de um projeto de fundações é que, no primeiro, as características dos materiais de construção são definidos pelo projetista e, no segundo, se trabalha com o solo, que é um material não fabricado pelo homem. Nesse aspecto da questão, nada substitui a competência e a experiência do projetista. Pouco adianta realizarmos ensaios sofisticados e, depois, utilizarmos métodos de cálculo, também sofisticados, se as amostras utilizadas foram retiradas sem os necessários cuidados, como se mostra na Figura 1.3, extraída da revista *Ground Engineering*, maio de 1984.

Figura 1.3 – Um aspecto importante em fundações.

1.3 TRIPÉ DA BOA FUNDAÇÃO

Uma boa fundação é aquela que tem como apoio um tripé harmonioso, constituído pelo projeto, pela execução e pelo controle (Figura 1.4).

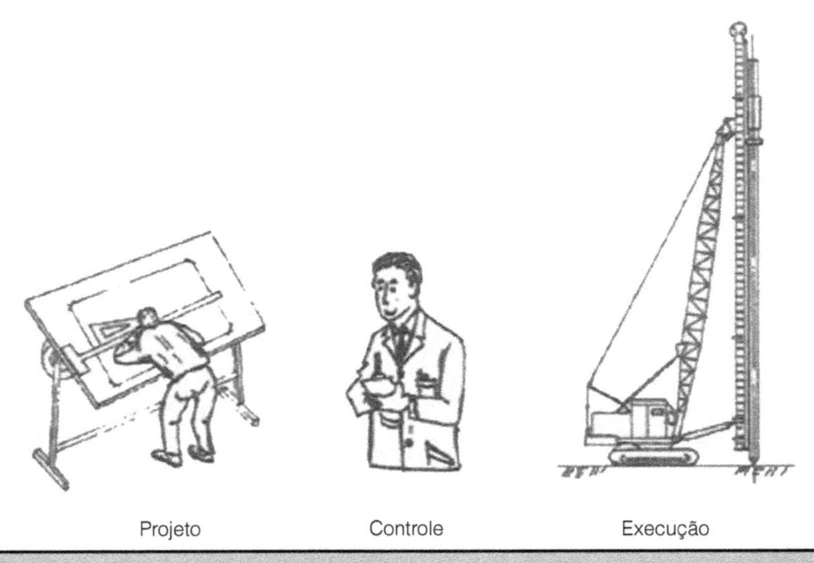

Figura 1.4 – Tripé da boa fundação.

No projeto, seleciona-se o tipo (ou tipos) de fundações a empregar, em função das características geotécnicas do local, das grandezas das cargas, da responsabilidade da obra e outras. É nesta fase que se definem os métodos construtivos e se fazem as previsões que darão suporte às equipes de execução e de controle. O projetista da fundação deve ter sempre em vista a forma como seu projeto será executado, levando em conta a disponibilidade de equipamentos e a segurança dos vizinhos. Fica, portanto, claro que nessa fase há um envolvimento intenso entre a equipe de projeto propriamente dita e a equipe de execução. A primeira busca soluções, tendo por base os conhecimentos de Mecânica dos Solos e Resistência dos Materiais, e a segunda complementa esses conhecimentos com os aspectos referentes às limitações dos equipamentos que serão envolvidos, às limitações de acessos, ao estado das construções limítrofes e outros aspectos inerentes aos métodos executivos. É por essa razão que duas estruturas com a mesma arquitetura, mesmos materiais e mesmas cargas não são, necessariamente, iguais quando se trata de suas fundações. Em fundações, é perigoso generalizar. Cada caso é um caso, que requer um estudo próprio que considere todas as suas condicionantes e dados disponíveis. Nesse particular, até por exigência da norma NBR 6122, não se deve elaborar qualquer projeto de fundações sem que a natureza do subsolo seja conhecida, através de ensaios geotécnicos de campo, tais como sondagens de simples reconhecimento, ensaios de penetração estática, provas de cargas em protótipos etc. Se a fundação está sendo projetada em região ainda não totalmente conhecida, o conhecimento da natureza do subsolo deve ser complementado por estudos de Geologia de Engenharia. É importante lembrar que, em fundações, os ensaios de campo são mais recomendáveis que os de laboratório, pois estes dependem essencialmente da qualidade das amostras, conforme já se mencionou na Figura 1.3.

Durante a execução, as equipes envolvidas seguem, basicamente, o método executivo previsto na fase do projeto. Na interface projeto-execução situa-se o controle da qualidade da fundação, que deverá aferir as previsões feitas, adaptando a execução às mesmas ou fornecendo subsídios ao projeto para reavaliação.

É importante frisar que um projeto de fundações só é concluído ao término da execução das mesmas, pois, como já se disse anteriormente, trabalha-se com o solo, que não é um material fabricado pelo homem. Esse material tem todas as nuances impostas pela natureza. Além disso, sua capacidade de carga e suas características de deformabilidade são normalmente afetadas pelo método executivo.

Uma outra característica das fundações é que as mesmas ficam enterradas e, portanto, não é possível inspecioná-las facilmente após sua conclusão, como acontece com outros elementos da estrutura (pilares, vigas, alvenaria etc). É por essa razão que a eficiência e competência das equipes envolvidas com o projeto, a execução e o controle são de primordial importância para um bom desempenho da fundação.

Nesse aspecto, volta-se a lembrar que só é valido controlar aquilo que se prevê. Controle sem previsão não tem sentido! Controles do tipo anotar se a cota da implantação da fundação está igual ao projetado, se o tempo na obra estava bom ou com chuvas, se o equipamento teve ou não problemas etc. não são mais do que registros de eventos. O controle é muito mais abrangente, pois é um acompanhamento, passo a passo, daquilo que se previu durante o projeto. Sua finalidade básica é detectar, o mais rapidamente possível, fatos que permitam concluir se o que está sendo executado atende ou não às premissas de projeto e, nesse caso, disparar todo o processo para readaptação do mesmo. Não confundir controle de fundação com registro de eventos da fundação.

1.4 ETAPAS DO CONTROLE DURANTE A EXECUÇÃO

O controle durante a execução de uma fundação deve ser exercido em três frentes distintas (Figura 1.5):

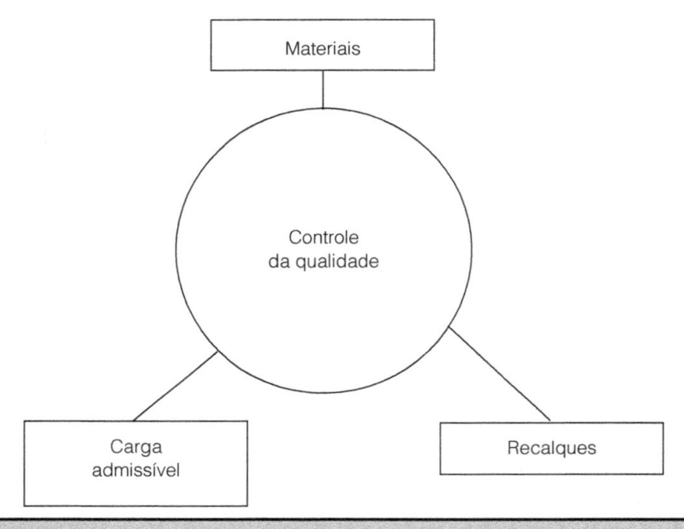

Figura 1.5 – Etapas do controle da qualidade em fundações.

Frente 1: o controle do material ou dos materiais que comporão os elementos estruturais da fundação, tanto no que diz respeito à sua seleção, quanto às suas resistências, sua integridade estrutural e sua durabilidade.

Frente 2: controle da capacidade de carga do binômio solo-fundação. Esse controle deve ser exercido durante a fase de instalação dos elementos estruturais que comporão a fundação. Se isso não for possível, como acontece, por exemplo, nas fundações "concretadas *in loco*", onde se requer um tempo mínimo para a cura do concreto, deve-se lançar mão de recursos (por exemplo, usar cimento de alta resistência inicial, ou aditivos aceleradores de resistência) que permitam abreviar o tempo decorrido entre a confecção da fundação e seu controle da capacidade de carga. Nesse controle deve ser escolhido e testado um número significativo de elementos para permitir a extrapolação de seus resultados a toda a fundação.

Frente 3: observação do comportamento da fundação, à medida que esta vai sendo carregada pela estrutura. Para isso, deve-se estabelecer um período mínimo de observação, a ser fixado em função da finalidade da construção. Para esse controle, são necessárias medidas de recalques e de cargas reais atuantes na fundação. Infelizmente, essa etapa de controle tem sido negligenciada nas obras correntes (prédios e pontes), sendo realizada em poucas obras e, mesmo assim, de maneira incompleta, visto que, normalmente, medem-se os recalques, mas não as cargas reais que atuam na fundação. Essas são estimadas a partir dos desenhos de cargas, cujos valores são teóricos, e não necessariamente reais.

Ao se atender a essas três frentes de controle da qualidade da fundação, é possível conhecer o grau de confiabilidade dos serviços executados, permitindo a emissão de documentos técnicos de garantia da qualidade. A emissão formal desses documentos de controle poderá ser delegada a órgãos reconhecidos junto à comunidade técnica ou aos responsáveis diretos pelos serviços.

1.5 REFERÊNCIAS

ALONSO, U. R. (1990) "Controle da Qualidade em Fundações" 1º Simpósio Sobre Qualidade e Produtividade na Construção Civil – FAAP – SP (Resumo publicado pela Revista *Dirigente Construtor* de set. 90).

AOKI, N. (1986) "Controle *in situ* da Capacidade de Carga de Estacas Pré-fabricadas via Repique Elástico", Publicação da ABMS, Núcleo Regional de São Paulo.

VELLOSO, D. A. (1990) "A Qualidade de um Projeto de Fundações" 1º Simpósio Sobre Qualidade e Produtividade na Construção Civil – FAAP – SP (Resumo publicado pela Revista *Dirigente Construtor* de set. 90).

A.B.N.T. – Associação Brasileira de Normas Técnicas.

NB 9000 – Normas de Gestão da Qualidade e Garantia da Qualidade – Diretrizes para Seleção e Uso.

NB 9001 – Sistemas da Qualidade – Modelo para Garantia da Qualidade em Projetos/ Desenvolvimento, Produção, Instalação e Assistência Técnica.

NB 9002 – Sistemas da Qualidade – Modelo para Garantia da Qualidade em Produção e Instalação.

NB 9003 – Sistemas da Qualidade – Modelo para Garantia da Qualidade em Inspeção e Ensaios Finais.

NB 9004 – Gestão da Qualidade e Elementos de Sistema da Qualidade – Diretrizes.

NBR 8681 – Ações e Segurança nas Estruturas.

NBR 6122 – Projeto e Execução de Fundações.

2 COEFICIENTES DE SEGURANÇA À RUPTURA

2.1 INTRODUÇÃO

Define-se como segurança de uma fundação a capacidade que a mesma apresenta em suportar as cargas que lhe são impostas, continuando a atender as condições fundamentais para as quais foi projetada. Por ser um conceito qualitativo, há necessidade de se selecionar métodos que permitam quantificá-la.

Os primeiros métodos baseavam-se em **critérios determinísticos**, isto é, a fixação das cargas e resistências dos materiais era feita dentro de um consenso do meio especializado. Admitia-se que, em um mesmo material, a aplicação de uma determinada solicitação, com uma lei de variação definida no tempo, produziria os mesmos esforços internos, as mesmas deformações e os mesmos deslocamentos, tantas vezes quantas fossem repetidas. Com a evolução do conhecimento da Mecânica das Estruturas, constatou-se que esse procedimento não correspondia à realidade, e os critérios determinísticos não atendiam totalmente às necessidades técnicas.

Começaram-se então a estudar critérios baseados na teoria da probabilidade. Porém, tornava-se necessário conhecer as distribuições estatísticas de todas as variáveis envolvidas. Na impossibilidade de tal fato, desenvolveram-se os **métodos semiprobabilísticos**, que reúnem critérios determinísticos e probabilísticos no tratamento dessas variáveis.

Assim, os valores das solicitações (cargas permanentes, cargas acidentais, vento etc.) são fixados deterministicamente pelas normas técnicas de cada país. Ao contrário, os valores das resistências dos materiais são obtidos a partir de estudos estatísticos baseados em resultados de ensaios em corpos de prova. São as chamadas **resistências características** de cada material que compõe a estrutura, em que se prevê que uma determinada percentagem desse material apresente resistência inferior à característica. Julga-se aceitável a adoção de um quantil de 5% na curva de Gauss, ou seja, que 95% do material em questão, provavelmente, apresenta resistência superior à característica.

2.2 CARGA DE RUPTURA

Quando se aplicam cargas crescentes a uma fundação, esta irá sofrendo recalques também crescentes. A curva carga x recalque pode apresentar várias configurações, das quais duas estão mostradas na Figura 2.1.

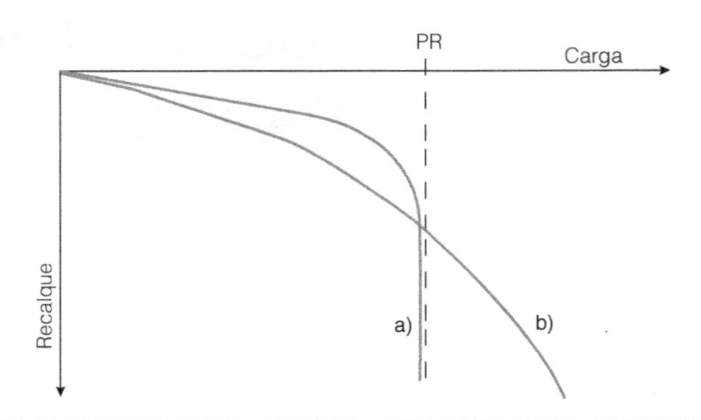

Figura 2.1 – Curvas carga x recalque.

A curva (a) mostra que, ao se atingir o valor PR, o recalque se torna incessante. Diz-se que houve ruptura da fundação, e a carga PR se denomina carga de ruptura. Esta pode ocorrer por colapso do elemento estrutural ou do solo que lhe dá suporte, ou de ambos.

No caso da curva (b), não há uma definição clara da carga de ruptura. A mesma será definida por um procedimento convencional. Por exemplo, quando se tratar de uma estaca comprimida, a norma NBR 6122:2010, da ABNT, define a carga de ruptura conforme a Figura 2.2.

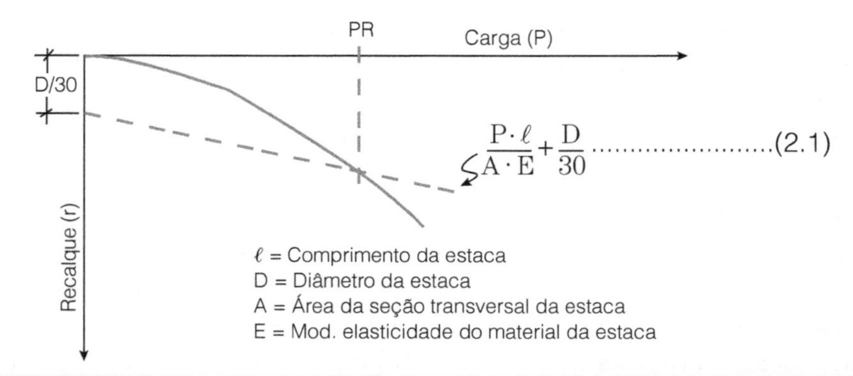

Figura 2.2 – Carga de ruptura convencional (NBR 6122).

Existem outros procedimentos convencionais para se fixar a carga de ruptura. Um trabalho interessante sobre este assunto foi escrito por Fellenius (1980). Segundo esse autor, a definição da carga de ruptura necessita ser estabelecida com base em alguma regra matemática que independa da variação da escala empregada no gráfico carga x recalque e da opinião dos envolvidos na interpretação dessa curva.

Alguns métodos discutidos por Fellenius são apresentados a seguir. Cabe lembrar que esses métodos só devem ser aplicados se a curva carga x recalque atingir valores próximos da carga de ruptura, de tal sorte que os valores obtidos pelos diversos métodos não sejam muito discrepantes.

a) Método de Davisson

Este autor adota um procedimento análogo ao da norma NBR 6122 (Figura 2.2), mudando apenas a equação da reta, como se mostra na Figura 2.3.

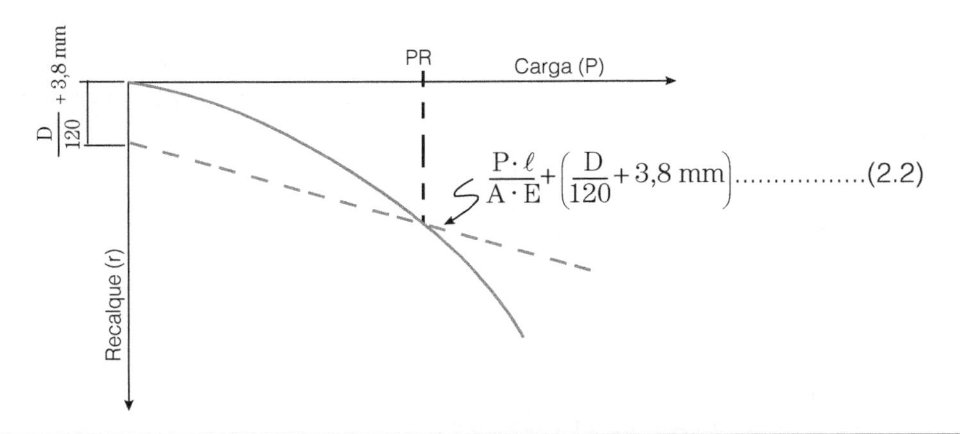

Figura 2.3 – Carga de "ruptura" segundo Davisson.

b) Método de Van der Veen

Este autor propõe que a curva carga x recalque seja representada pela expressão

$$P = PR\,(1 - e^{-\alpha \cdot r}) \qquad (2.3)$$

em que P e r são as coordenadas dos diversos pontos da curva carga x recalque e PR é a carga de ruptura que se pretende calcular. Seu valor corresponde à assíntota da equação (2.3) e α é um coeficiente que depende da forma da curva. Esse método está apresentado de maneira mais abrangente no Capítulo 4, onde se apresenta um programa em BASIC para resolver a equação proposta por Van der Veen.

Essa expressão de Van der Veen foi generalizada em 1976 por Nelson Aoki (comunicação pessoal).

$$P = PR\,[1 - e^{-(\alpha \cdot r + b)}]$$

c) Método de Chin

Este autor admite que o trecho final da curva carga x recalque seja representado por uma hipérbole de expressão

$$P = \frac{r}{a + b \cdot r} \tag{2.4}$$

A carga da ruptura corresponde ao limite dessa expressão, quando se impõe $r \rightarrow \infty$, ou seja,

$$PR = \frac{1}{b} \tag{2.5}$$

Os valores de a e b correspondem, respectivamente, à intersecção e ao coeficiente angular da reta obtida em um gráfico com ordenadas r/P e abcissas r, como se mostra na Figura 2.4.

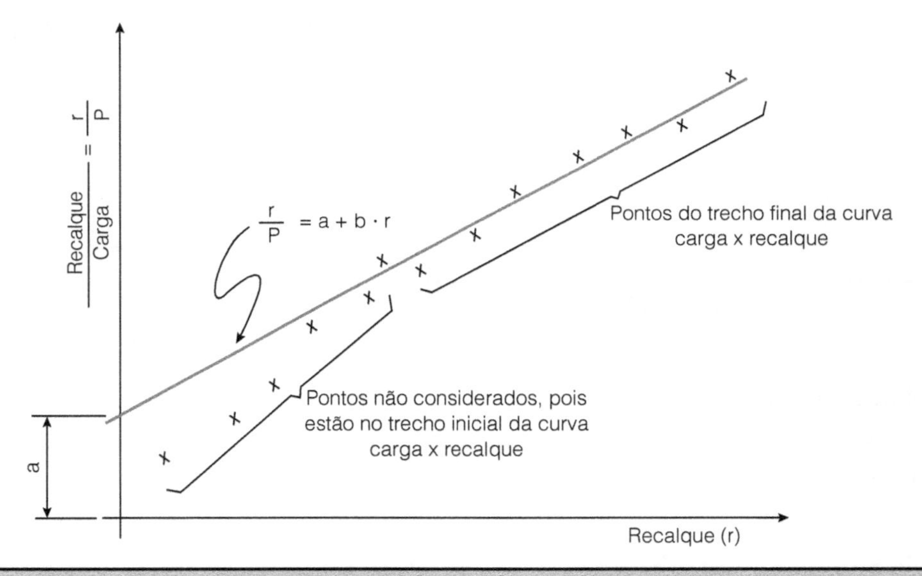

Figura 2.4 – Carga de ruptura segundo Chin.

d) Método de Mazurkiewicz

Este autor baseia-se na hipótese de que o trecho final da curva carga x recalque seja uma parábola. Para tanto, utiliza o procedimento gráfico indicado na Figura 2.5, que consiste em traçar paralelas ao eixo das cargas, com espaçamento constante Δ r até a curva e, daí, perpendiculares até os pontos 1, 2, 3 etc. Por esses pontos, traçam-se retas inclinadas a 45°, obtendo-se os pontos 1', 2', 3' etc. que, unidos por uma reta, fornecem a carga de ruptura PR.

Outros métodos para se estimar a carga de ruptura podem ser encontrados no trabalho já mencionado de Fellenius, deixando, portanto, de serem aqui abordados.

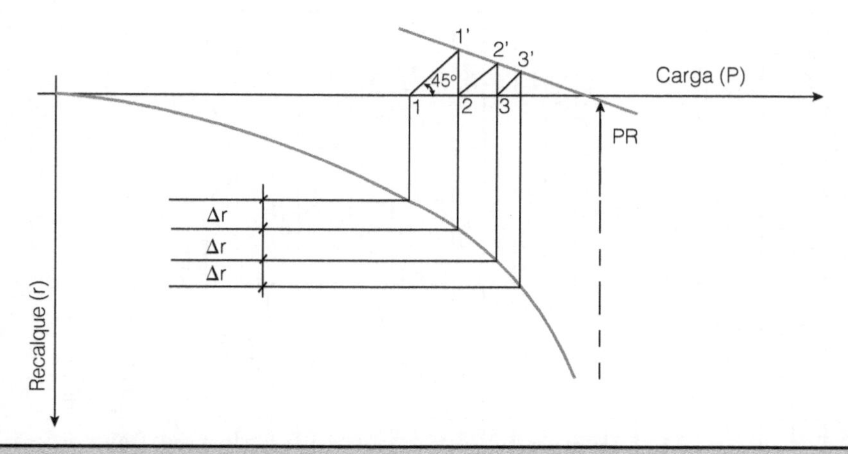

Figura 2.5 – Carga de ruptura segundo Mazurkiewicz.

2.3 COEFICIENTE DE SEGURANÇA E PROBABILIDADE DE RUPTURA

Na Figura 2.6 apresenta-se a curva de distribuição das resistências (R) e o valor determinístico S das solicitações.

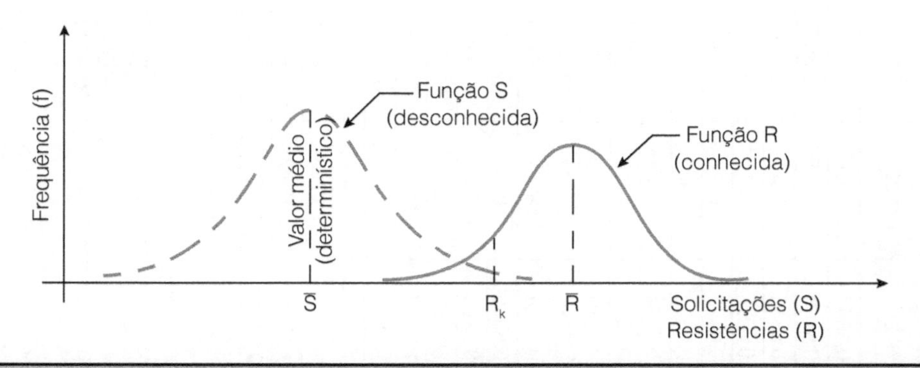

Figura 2.6 – Conceito de coeficiente de segurança.

O valor característico das resistências R_k será:

$$R_k = \bar{R} - 1,65\ \sigma_r \tag{2.6}$$

onde $\bar{R}$ é o valor médio das resistências e σ_r seu respectivo desvio-padrão. O valor 1,65 corresponde ao quantil 5% (ver Tabela 2.1).

Tabela 2.1 Áreas de distribuição normal.

$\frac{x+\bar{x}}{\sigma_R}$	0.00	0.01	0.02	0.03	0.04	0.05	0.06	0.07	0.08	0.09
0.0	0.5000	0.5040	0.5080	0.5120	0.5160	0.5199	0.5239	0.5279	0.5319	0.5359
0.1	0.5398	0.5438	0.5478	0.5517	0.5557	0.5596	0.5636	0.5675	0.5714	0.5753
0.2	0.5793	0.5852	0.5871	0.5910	0.5948	0.5987	0.6026	0.6064	0.6103	0.6141
0.3	0.6179	0.6217	0.6255	0.6293	0.6331	0.6368	0.6406	0.6443	0.6480	0.6517
0.4	0.6554	0.6591	0.6628	0.6664	0.6700	0.6736	0.6772	0.6808	0.6844	0.6879
0.5	0.6915	0.6950	0.6985	0.7019	0.7054	0.7088	0.7123	0.7157	0.7190	0.7224
0.6	0.7257	0.7291	0.7324	0.7357	0.7389	0.7422	0.7454	0.7486	0.7517	0.7549
0.7	0.7580	0.7611	0.7642	0.7673	0.7703	0.7734	0.7764	0.7794	0.7823	0.7852
0.8	0.7881	0.7910	0.7939	0.7967	0.7995	0.8023	0.8051	0.8078	0.8106	0.8133
0.9	0.8159	0.8186	0.8212	0.8238	0.8264	0.8289	0.8315	0.8340	0.8365	0.8389
1.0	0.8413	0.8438	0.8461	0.8485	0.8508	0.8531	0.8554	0.8577	0.8599	0.8621
1.1	0.8643	0.8665	0.8586	0.8708	0.8729	0.8749	0.8770	0.8790	0.8810	0.8830
1.2	0.8849	0.8869	0.8888	0.8907	0.8925	0.8944	0.8962	0.8980	0.8997	0.90147
1.3	0.90320	0.90490	0.90658	0.90824	0.90988	0.91149	0.91309	0.91466	0.91621	0.91774
1.4	0.91924	0.92073	0.92220	0.92364	0.92507	0.92647	0.92785	0.92922	0.93056	0.93189
1.5	0.93319	0.93448	0.93574	0.93699	0.93822	0.93943	0.94062	0.94179	0.94295	0.94408
1.6	0.94520	0.94630	0.94738	0.94845	0.94950	0.95053	0.95154	0.95254	0.95352	0.95449
1.7	0.95543	0.95637	0.95728	0.95818	0.95907	0.95994	0.96080	0.96164	0.96246	0.96927
1.8	0.96407	0.96485	0.96562	0.96638	0.96712	0.96784	0.96856	0.96926	0.96995	0.97962
1.9	0.97128	0.97193	0.97257	0.97320	0.97381	0.97441	0.97500	0.97558	0.97615	0.97670
2.0	0.97725									
2.1	0.98214									
2.2	0.98610									
2.3	0.98928									
2.4	0.99180									
2.5	0.99379									
3.0	0.99865									
3.5	0.999767									
4.0	0.9999683									

Para área de 95%, tem-se

$$\frac{x+\bar{x}}{\sigma_R} = 1,65$$

(Valor em destaque na tabela)

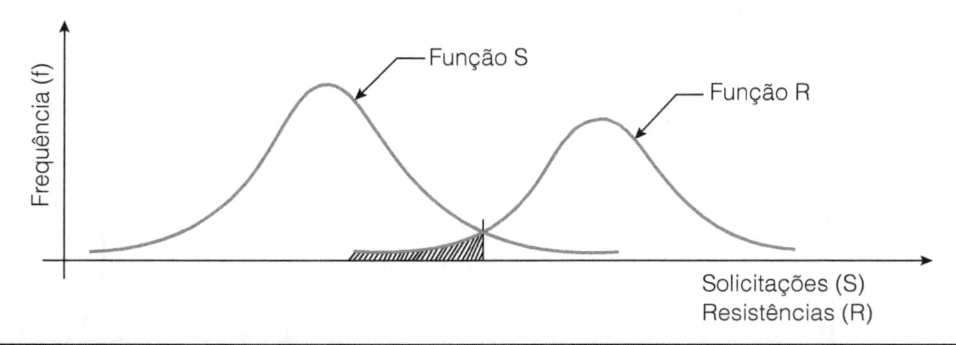

Figura 2.7 – Conceito de probabilidade de ruptura.

O significado tradicional do coeficiente de segurança é definido pela expressão:

$$CS = \frac{R_k}{\bar{S}} = \frac{\bar{R} - 1{,}65 \cdot \sigma_r}{\bar{S}} \tag{2.7}$$

Foi com base nessa expressão que surgiram os métodos que têm por filosofia os coeficientes de segurança globais.

Outro conceito importante é o de **probabilidade de ruptura**, definido como sendo a região comum às duas curvas (S) e (R), onde $S \geq R$ (Figura 2.7). Essa região representa, por definição, a probabilidade de ocorrer um valor de solicitação superior ao da resistência. A área hachurada representa, matematicamente, a probabilidade de ruptura.

O que nos interessa em engenharia é conhecer a probabilidade de ruptura, mas para isso é necessário conhecer a distribuição das solicitações, o que não ocorre nos métodos semiprobabilísticos. Por essa razão, trabalha-se com o coeficiente de segurança definido pela expressão (2.7).

2.4 EVOLUÇÃO DO CONCEITO DE COEFICIENTE DE SEGURANÇA

Dentro da filosofia do coeficiente de segurança global, situam-se os princípios das **tensões admissíveis** e das **cargas de ruptura**. Para melhor entender esses dois princípios, considere-se a Figura 2.8a, que representa um pilar com baixo índice de esbeltez (para não romper por flambagem). O pilar tem seção transversal constante A e suporta uma carga axial N. A tensão de compressão atuante será:

$$\sigma = \frac{N}{A} \tag{2.8}$$

Admita-se que o material constituinte do pilar tenha um comportamento tensão x deformação (reologia) do tipo elastoplástico (Figura 2.8b), isto é, atingida a tensão σ_e (de compressão ou de tração), o mesmo se deforma sob tensão constante.

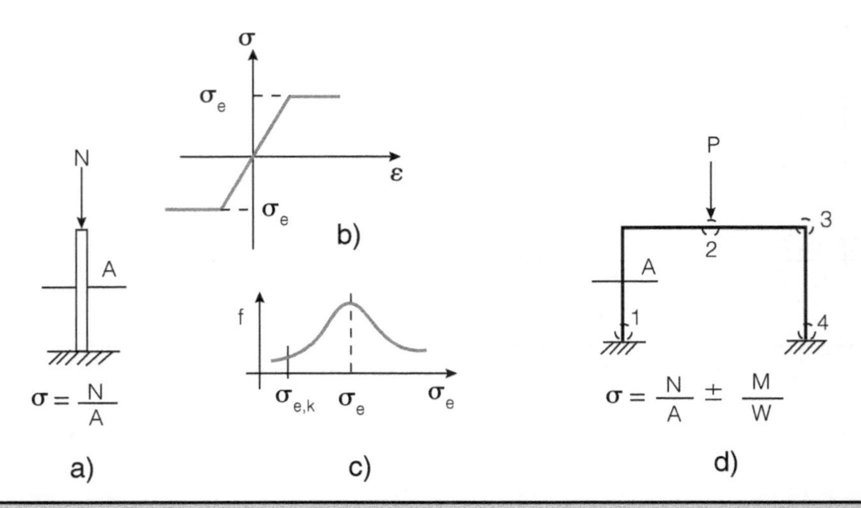

Figura 2.8 – Princípio das tensões admissíveis e das cargas de ruptura.

De acordo com o princípio das tensões admissíveis, as maiores tensões σ, que aparecerem por ocasião da utilização da estrutura (tensões determinísticas), não devem ultrapassar os valores das correspondentes tensões características de ruptura $\sigma_{e,k}$ divididas por um coeficiente de segurança (Figura 2.9).

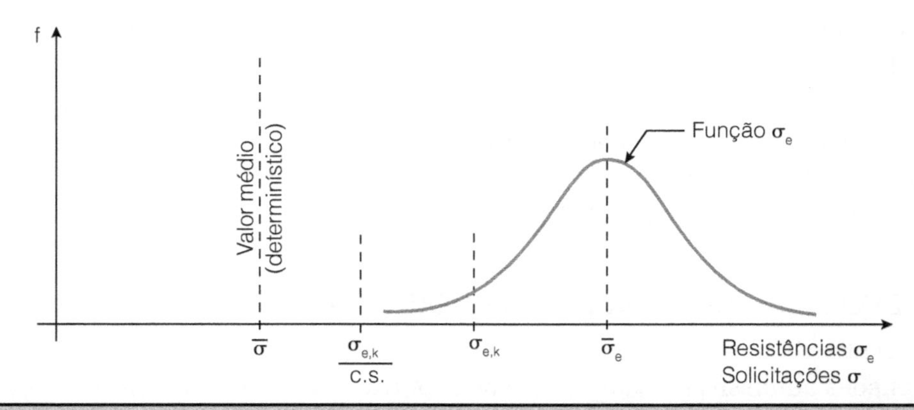

Figura 2.9 – Princípio das tensões admissíveis.

Para o caso do pilar indicado na Figura 2.8a, esse conceito é satisfatório, pois se a tensão σ =N/A for crescente, ao se atingir o valor de σ_e, o pilar entrará em colapso. Entretanto, se a estrutura for um pórtico plano biengastado (Figura 2.8d), constituído pelo mesmo material do pilar, ao se atingir a tensão de escoamento σ_e numa das seções (1 a 4), esta se tornará plástica e continuará a se deformar sob esta tensão, sem absorver cargas adicionais (trecho reto do diagrama σ x ε da Figura 2.8b). O acréscimo de carga passará então a ser resistido pelas outras seções, até que uma após a outra irá atingindo tensão σ_e e, então, também o escoamento. Somente quando o número de seções plastificadas (rótulas plásticas) ultrapassarem uma unidade o grau de hiperestaticidade da estrutura é que a mesma entrará em colapso. O valor da carga, nesse instante, representará a carga-limite.

Um outro exemplo, extraído de Vasconcelos (1990), mostra, também, que o fato de se atingir a tensão σ_e numa peça nem sempre é sinal de que se esgotou sua capacidade de suporte. A Figura 2.10, extraída desse trabalho, mostra uma viga de seção quadrada com 40 cm de lado, confeccionada em concreto armado (f_{ck} = 20 MPa) e 6 m de vão. Trata-se de determinar o momento fletor resistido por essa viga, adotando-se um coeficiente de segurança 2.

Se o cálculo for efetuado aplicando-se o coeficiente de segurança à tensão, isto é, atingindo-se σ = 20/2 = 10 MPa, não se pode impor mais carregamento à viga (Figura 2.10a), obtém-se um momento máximo de 64,4 kN.m, dos quais 18 kN.m são decorrentes do peso próprio e 46,4 kN.m devidos à sobrecarga. Para se efetuar esse cálculo, supôs-se que exista, na zona de tração, aço em quantidade suficiente para que a ruptura ocorra pelo concreto. O aço é dimensionado na situação em que o escoamento da armadura seja simultâneo com a deformação máxima de compressão do concreto de 0,35‰.

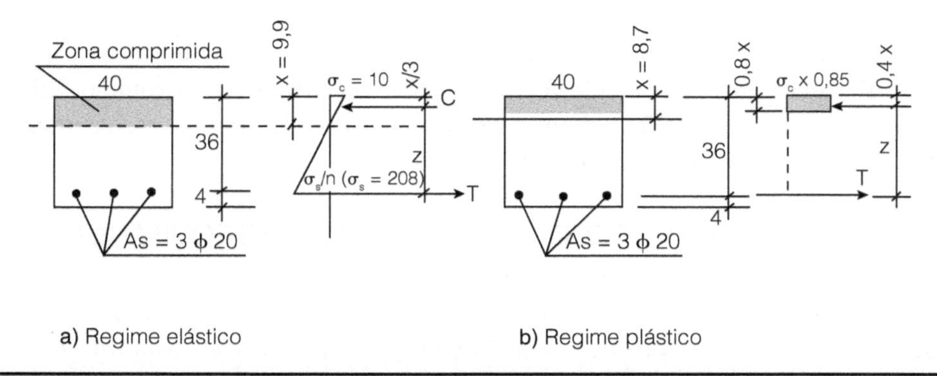

Figura 2.10 – Tensões admissíveis e cargas de ruptura.

Atingida a situação da Figura 2.10a, a viga ainda não entra em colapso, pois se continuarmos a aumentar a sobrecarga, verifica-se que a mesma vai se deformando e outras fibras irão atingindo a tensão de escoamento σ_e. Somente quando todas as fibras da área comprimida atingirem a tensão σ_e a peça romperá por flexão. Um cálculo efetuado nesse regime (Figura 2.10b) mostra que o momento máximo resistido pela peça, com coeficiente de segurança 2, agora aplicado ao momento de ruptura e não mais à tensão, é de 77kN.m, dos quais 18kN.m correspondem ao peso próprio, e 59kN.m à sobrecarga. Vê-se que essa nova maneira de se encarar a peça (aplicando-se o coeficiente de segurança ao momento e não à tensão) permite aumentar em 27% o momento fletor, devido à sobrecarga.

Com base nos exemplos anteriores, verifica-se que o princípio das tensões admissíveis (o primeiro a ser utilizado em Resistência dos Materiais) necessitava ser reformulado por causa da distância que ele introduz entre a situação de utilização da estrutura e aquela que corresponde ao colapso. Passou-se, então, a utilizar o princípio das cargas de ruptura, por ser este o que melhor caracterizava a segurança de uma estrutura. Segundo esse princípio, as cargas majoradas por um coeficiente de segurança são comparadas com a capacidade de carga característica do material da peça (Figura 2.11).

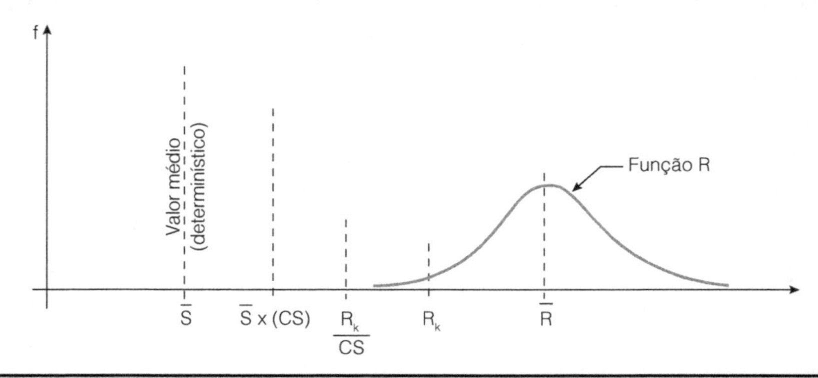

Figura 2.11 – Princípio das cargas de ruptura.

Outra vantagem do princípio das cargas de ruptura é que o mesmo permite utilizar diferentes coeficientes de segurança para as cargas (por exemplo, CS1 para as cargas permanentes e CS2 para as cargas acidentais). Entre nós, esse princípio foi adotado pelas antigas normas NB1-1960 e NB1-1961.

2.5 CONSIDERAÇÕES SOBRE O COEFICIENTE DE SEGURANÇA

O coeficiente de segurança, conforme definido pela expressão (2.7), não é constante para um dado material, pois depende de controle da qualidade e, em última instância, do coeficiente de variação (relação entre o desvio-padrão e o valor médio). Assim, para materiais com menores dispersões dos resultados de suas resistências, utilizam-se menores coeficientes desegurança.

Na Figura 2.12 representa-se esquematicamente a distribuição da resistência de dois materiais, A e B, sujeitos à mesma solicitação (S). Como a dispersão das resistências do material A é menor que a do material B, teremos coeficiente de segurança do material A menor que a do material B [CS (A) < CS (B)], embora os dois tenham a mesma probabilidade de ruptura (áreas hachuradas iguais).

É por essa razão que as normas estruturais adotadas até a década de 1960, baseadas no princípio das tensões admissíveis, usavam CS = 2 para o aço e CS = 4 para a madeira, porque a dispersão das resistências do aço é menor que a da madeira, por ser aquele um material mais homogêneo. Isso não significava que uma estrutura de madeira, dimensionada segundo aquelas normas, com CS = 4, tivesse menor probabilidade de ruptura do que a mesma estrutura de aço, com CS = 2.

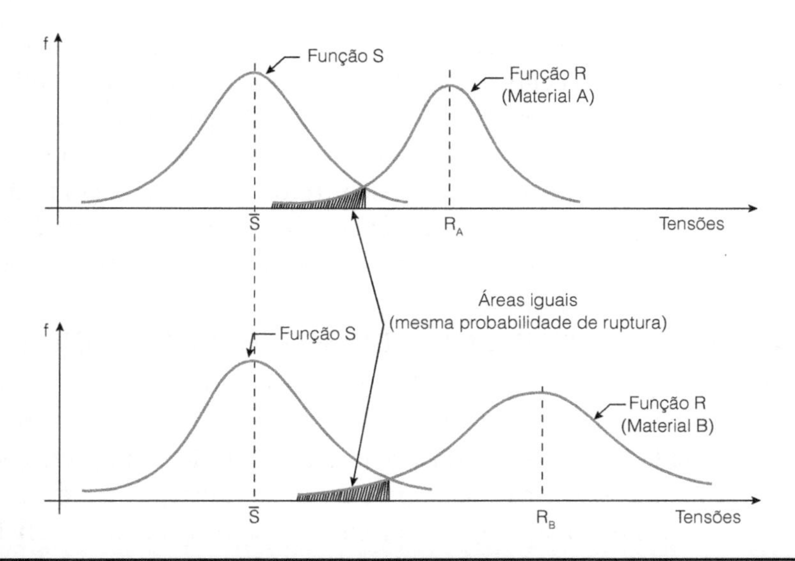

Figura 2.12 – Influência da dispersão no valor do coeficiente de segurança.

A Figura 2.13 correlaciona, teoricamente, a probabilidade de ruptura com o coeficiente de segurança, em função dos coeficientes de variação das solicitações (VS) e das resistências (VR). Lembra-se que o coeficiente de variação é obtido dividindo-se o desvio-padrão pelo valor médio. Para iguais probabilidades de ruptura podem corresponder diferentes coeficientes de segurança e vice-versa, conforme se expôs anteriormente.

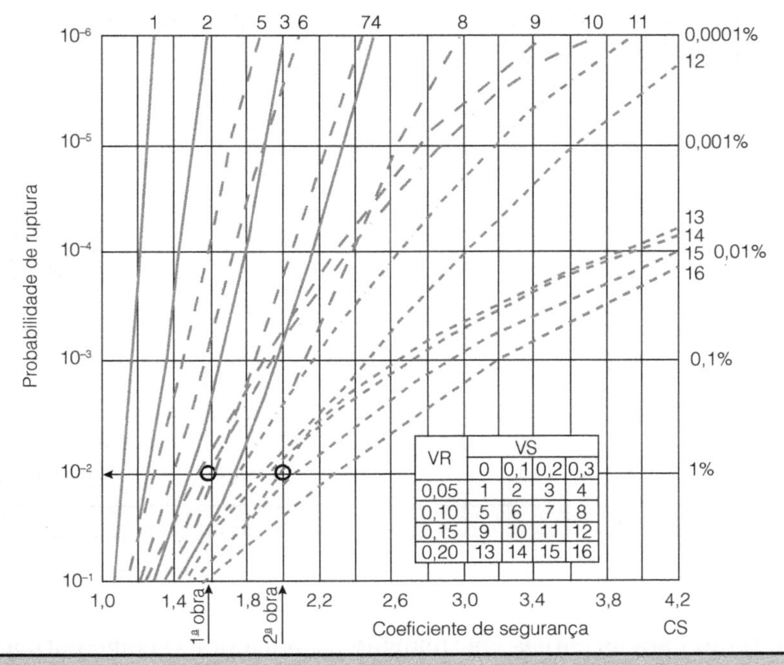

Figura 2.13 – Coeficiente de segurança x probabilidade de ruptura.

Para se utilizar a Figura 2.13, procede-se da seguinte maneira: seja o caso de duas obras com diferentes coeficientes de segurança e diferentes coeficientes de variação das resistências e das solicitações. A primeira obra apresenta CS = 1,6, VR = 15% e VS = 10% (curva 10). Esta obra terá uma probabilidade de ruptura de 10^{-2}. A segunda apresenta CS = 2, VR = 15% e VS = 30% (curva 12) e também terá uma probabilidade de ruptura de 10^{-2}. Este é um exemplo teórico em que duas obras com diferentes coeficientes de segurança apresentam a mesma probabilidade de ruptura.

2.6 PRINCÍPIO DOS COEFICIENTES DE SEGURANÇA PARCIAIS

Modernamente, algumas normas técnicas utilizam o princípio dos coeficientes de segurança parciais, que tenta englobar os fatores devidos à imperfeita avaliação das cargas, a variabilidade das características dos materiais, as imperfeições do cálculo devidas às hipóteses teóricas, as imperfeições na execução, a responsabilidade da obra etc. Se, para cada uma destas variáveis, for estabelecido um coeficiente parcial CS1, CS2... CSn, o coeficiente de segurança global será:

$$CS = CS1 \times CS2 \times \ldots \times Csn \tag{2.9}$$

Nesse procedimento de cálculo, as solicitações são multiplicadas pelos respectivos coeficientes de segurança e as resistências divididas pelos coeficientes de segurança a elas correspondentes. O cálculo é feito no estado nominal de ruptura, em que as solicitações, majoradas pelos correspondentes coeficientes de segurança parciais, não devem ser superiores às resistências minoradas pelos seus respectivos coeficientes de segurança (Figura 2.14).

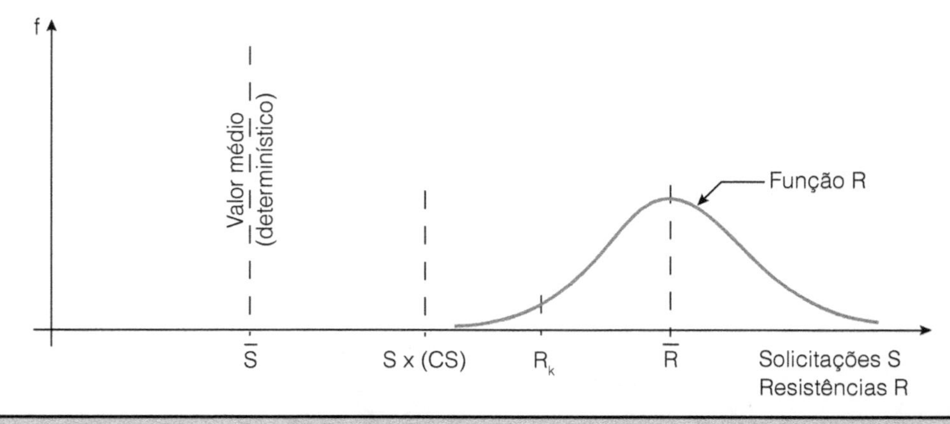

Figura 2.14 – Princípio dos coeficientes de segurança parciais.

Com esse procedimento de cálculo, é possível adotar diferentes coeficientes de segurança, tanto para as cargas (permanentes e acidentais) como para as resistências dos diversos materiais que compõem a peça (por exemplo, concreto e aço).

2.7 FILOSOFIA DA ANTIGA NORMA NBR 6122 DE 1960

A antiga NBR 6122 (denominada NB 51/1960) utilizava a filosofia dos coeficientes de segurança globais.

Essa postura era comum à maioria dos códigos e normas de fundações de outros países. Entretanto, vários profissionais que trabalhavam na área de fundações criticavam esses procedimentos, a tal ponto que o Eng. Dirceu A. Velloso, um dos participantes da elaboração dessa norma, apresentou trabalhos justificando essa postura.

Velloso cita a contribuição do Prof. Bolton, que distingue dois tipos de incertezas nos problemas geotécnicos: a **incerteza nos parâmetros** e a **incerteza no sistema**. A primeira tem um sentido evidente, a segunda significa que, por melhor que seja a investigação realizada, ela pode deixar de detectar algum fato importante ou algum detalhe não usual que pode participar e determinar o comportamento de algum estado-limite (último ou de utilização).

A norma NBR 8681 (Ações e Segurança nas Estruturas) define estado-limite como aquele a partir do qual a estrutura apresenta desempenho inadequado às finalidades da construção.

Ainda segundo o Prof. Bolton, a clássica utilização da teoria das probabilidades é restrita à incerteza dos parâmetros, e não é aí que reside a causa do maior número de acidentes em fundações. Ela reside, precisamente, na incerteza do sistema.

Concluindo seu trabalho, Velloso justifica a atual filosofia da norma, dizendo que não se pode simplesmente extrapolar para os problemas de fundações o procedimento adotado nos cálculos da estrutura de concreto ou aço, pela razão básica de que o solo não é um material fabricado e, portanto, a introdução dos coeficientes de segurança sobre valores característicos, determinados por conceito probabilístico, não faz muito sentido em geotecnia. Com esse procedimento atua-se apenas nas incertezas dos parâmetros, quando o que é mais fundamental em geotecnia é a determinação das incertezas do sistema.

Com base na filosofia atual da norma NBR 6122:2010, o dimensionamento de uma fundação superficial é feito a partir do valor da tensão admissível obtida, dividindo-se a tensão de ruptura do solo por um coeficiente de segurança. Para uma fundação profunda, o dimensionamento é feito de maneira análoga, onde a carga admissível é obtida dividindo-se a carga de ruptura por um coeficiente de segurança.

Para se escolher o coeficiente de segurança, exigem-se certos valores mínimos. Por exemplo, no caso da determinação da tensão admissível a partir das teorias desenvolvidas na Mecânica dos Solos, exige-se o valor mínimo CS = 3.

Para as fundações por estacas e tubulões, a atual norma NBR 6122:2010 exige que sejam verificadas as seguranças à ruptura do solo e do elemento estrutural. Quando é feita a previsão da capacidade de carga utilizando métodos semiempíricos, é exigido para o solo um coeficiente de segurança 2. Portanto, sem nenhuma prova de carga antes (ou durante) a elaboração do projeto.

Nota: neste caso, para as estacas escavadas com auxílio de fluido estabilizante (bentonita e polímero) e para as estacas hélice contínua, deve-se garantir um contato eficiente da ponta dessas estacas com o solo. Isso sendo garantido pela execução, também deve ser garantido que a carga de ruptura por atrito lateral (PL) não ultrapasse a carga admissível da estaca.

No caso da realização de provas de carga estática realizadas antes da conclusão do projeto, o coeficiente de segurança global pode ser reduzido para 1,6.

Para o dimensionamento do elemento estrutural que compõe a fundação, a norma NBR 6122:2010 utiliza os coeficientes de segurança parciais, analogamente à norma NBR 6118 (Projeto e Execução de Obras de Concreto Armado), adaptando-se esses coeficientes a cada caso específico.

Para a fixação dos coeficientes de segurança à ruptura e aos recalques, seria mais correto dispor-se da distribuição das resistências (provas de carga) de um número significativo de elementos, para aferir a dispersão que o processo executivo introduziu na execução dos mesmos, pois quanto menor for a dispersão desses resultados, menor deverá ser o coeficiente de segurança, como já se expôs no item 2.5 deste capítulo.

Um exemplo extraído de Aoki (1985) esclarece essa questão. Trata-se da análise de várias provas de carga realizadas em estacas tipo Franki de 520 mm de diâmetro, executadas na zona industrial de Santa Cruz, no Rio de Janeiro (Figura 2.15).

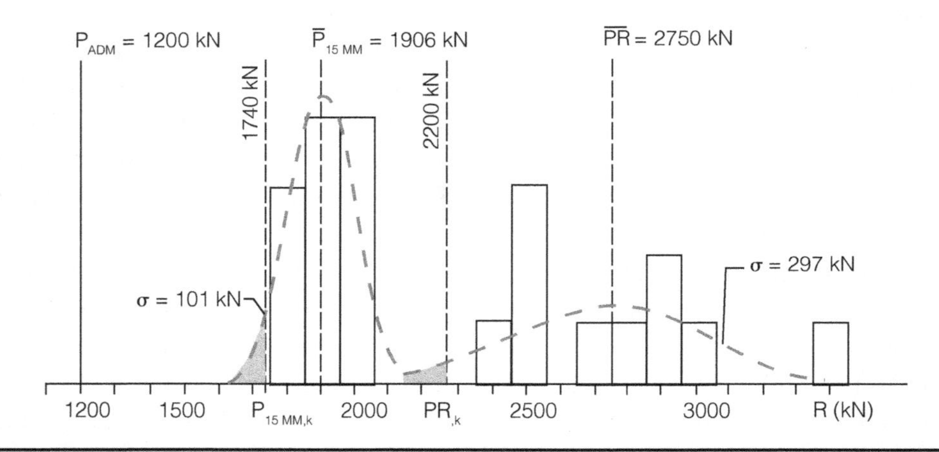

Figura 2.15 – Resistências de estacas tipo Franki D = 52 cm na zona industrial de Santa Cruz, RJ.

O valor médio da carga de ruptura, medido nas provas de carga, foi PR = 2750 kN, com desvio-padrão de 297 kN.

Na época da primeira edição desta obra, o recalque admissível das estacas era 15 mm. A carga média que conduziu a esse recalque admissível foi P15 mm = 1906 kN, com desvio-padrão de 101 kN.

Os valores característicos, respectivamente para as cargas PR e P15 mm, são:

$$PR_k = 2750 - 1{,}65 \cdot 297 = 2260 \text{ kN}$$
$$P15mm = 1\,906 - 1{,}65 \cdot 101 = 1\,740 \text{ kN}$$

Considerando que essas estacas foram projetadas para 1200 kN, verifica-se que os coeficientes de segurança globais são:

$$CS = \frac{PR_k}{P} = \frac{2260}{1200} = 1{,}9 \text{ para a ruptura (próximo de 2)}$$

$$CS = \frac{P15mm}{P} = \frac{1740}{1200} = 1{,}5 \text{ para o recalque de 15 mm (valor que atendia à NBR 6122}$$

vigente na época da prova de carga:

$$P \leq \begin{cases} \dfrac{PR}{2} \\ \dfrac{P\,1{,}5\text{ mm}}{1{,}5} \end{cases}$$

Para o caso de estacas cravadas, a avaliação do coeficiente de segurança pode ser feita a partir do controle *in situ* da carga mobilizada durante a cravação, conforme Aoki e Alonso (1990). Uma curva de distribuição de cargas mobilizadas de uma obra típica, com base nesse procedimento, é apresentada na Figura 2.16.

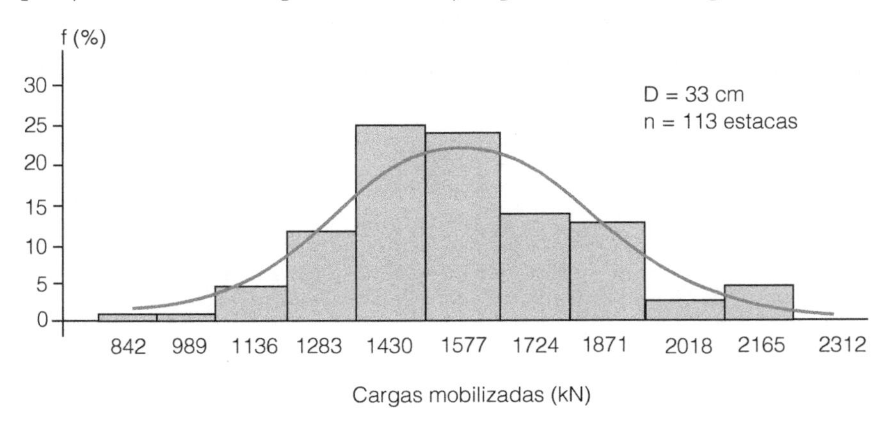

Figura 2.16 – Cargas mobilizadas durante a cravação de estacas.

2.8 REFERÊNCIAS

AOKI, N. (1985) "Considerações sobre a Previsão e Desempenho de Alguns Tipos de Fundações Profundas sob Ação de Cargas Verticais" – Simpósio Teoria e Prática de Fundações Profundas – Porto Alegre.

AOKI, N. (1987) "Fundações com Capacidade de Carga Garantidas" – Palestra realizada na ABMS, Núcleo Regional do Paraná em 29/4/87.

AOKI, N. & U. R. ALONSO (1990) "Avaliação da Segurança em Obras de Estacas Gravadas" – 6° CBGE / IX COBRAMSEF – Salvador.

FELLENIUS, B. T. (1980) "The Analysis of Results from Routine Pile Load Tests" – Revista *Ground Engineering*, setembro.

HANSEN, J. B. (1965) "The Philosophy of Foundation Design: Criteria Factor and Settlement Limits", Symposium on Bearing Capacity and Settlement of Foundations – Duke University.

NASCIMENTO, U. & FALCÃO, C. B. (–) "Segurança e Coeficiente de Segurança em Geotécnica", *Revista Geotécnica* n. 1, Lisboa.

VASCONCELOS, A. C. (1990) "Coeficientes de Segurança em Obras Civis" – Palestra realizada no Instituto de Engenharia de São Paulo, em 21/11/90.

VELLOSO, D. A. (1985) "Fundações Profundas: Segurança" – Simpósio, Teoria e Prática de Fundações Profundas – Porto Alegre.

VELLOSO, D. A. (1985) "A Segurança nas Fundações" – Seminário de Engenharia de Fundações Especiais – SEFE – São Paulo.

VELLOSO, D. A. (1987) "Ainda sobre a Segurança nas Fundações" – Ciclo de Palestras sobre Engenharia de Fundações na ABMS – Recife.

ZAGOTTIS, D. (1975) "Introdução da Segurança no Projeto Estrutural" – USP – Pontes e Grandes Estruturas – Vol. IV.

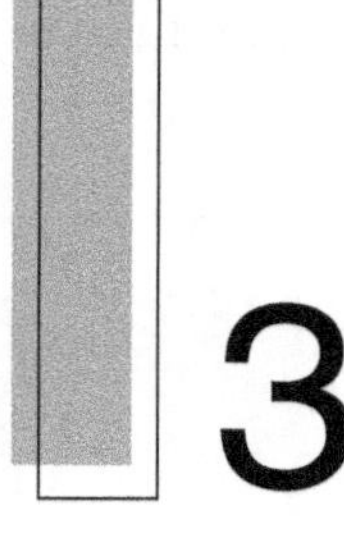

3 RECALQUES ADMISSÍVEIS E CAUSAS DA DISTORÇÃO ANGULAR

3.1 INTRODUÇÃO

O fato de uma fundação ter coeficiente de segurança à ruptura não garante que a mesma tenha um bom desempenho, pois há necessidade de se verificar se os recalques, absolutos e diferenciais, também satisfazem as condições de funcionalidade, conforme se expôs no Capítulo 1 (Figura 1.1b).

O **recalque absoluto** é definido pelo deslocamento vertical descendente de um elemento de fundação. A diferença entre os recalques absolutos de dois quaisquer elementos da fundação denomina-se **recalque diferencial**.

Na Figura 3.1 representam-se, esquematicamente, duas fundações sujeitas às cargas P1 e P2, assentes sobre um solo com estratificações horizontais. Sob a ação das cargas, o recalque absoluto da primeira fundação será r_1, e o da segunda, r_2. O recalque diferencial será: $\Delta = r_1 - r_2$.

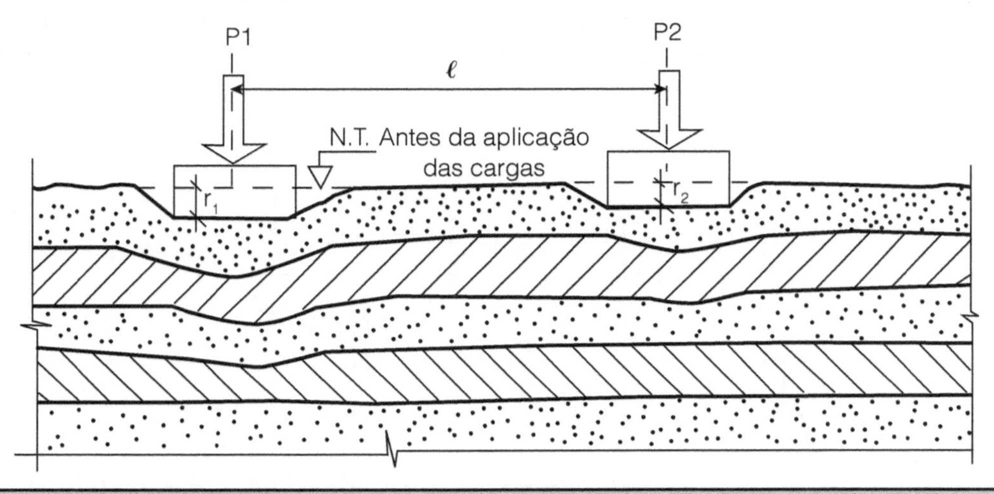

Figura 3.1 – Recalques absolutos (r_1 e r_2) e diferenciais ($\ell = r_1 - r_2$).

O recalque diferencial impõe distorções à estrutura que, dependendo de sua magnitude, poderão acarretar fissuras na mesma (Figura 3.2). O **recalque diferencial específico:**

$$\frac{\Delta}{\ell} = \frac{\text{recalque diferencial}}{\text{distância entre os elementos}} \quad (3.1)$$

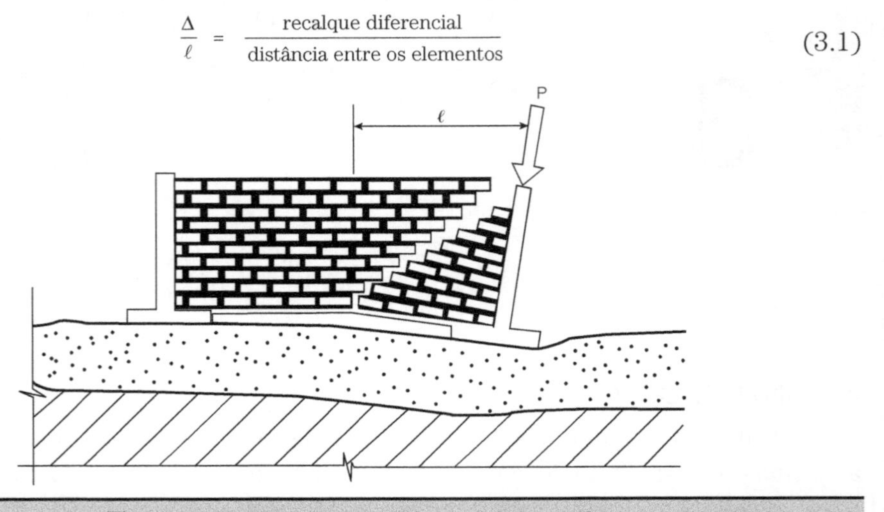

Figura 3.2 – Efeito do recalque diferencial.

Essa definição, do ponto de vista da Resistência dos Materiais, não está absolutamente correta, porém, o erro que se comete é, em geral, pequeno. Para se mostrar esse aspecto, considere-se uma estrutura apoiada em quatro elementos de fundação, conforme indicado na Figura 3.3. Cada apoio "i" sofrerá um recalque absoluto r_i sob a ação da carga P_i. O recalque diferencial específico, definido em Resistência dos Materiais, será dado pelo ângulo θ e não pelo ângulo $\delta = (\alpha + \theta)$, que corresponde à **distorção angular**. Porém, nos casos normais de fundação, o valor do ângulo α, que representa, em última análise, a inclinação da estrutura, é pequeno e pode ser desprezado diante do valor do ângulo θ. Portanto, muitas vezes o recalque diferencial específico é utilizado indistintamente como sinônimo de distorção angular.

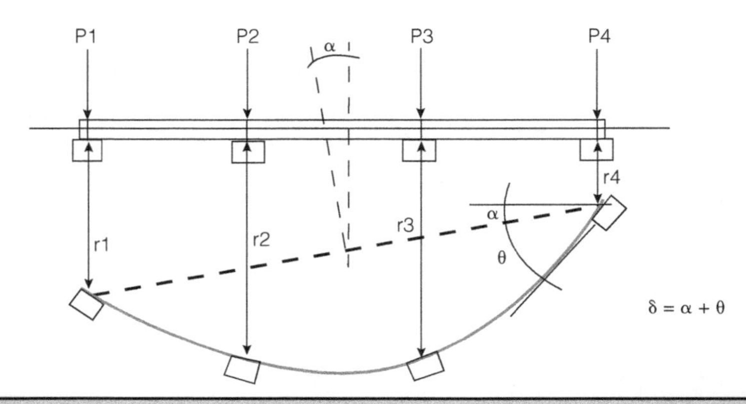

Figura 3.3 – Distorção angular (δ) e recalque diferencial específico (θ).

Se todos os elementos de fundação sofrerem o mesmo recalque absoluto, a distorção angular será nula e, portanto, não ocorrerão fissuras na estrutura devidas ao recalque. Entretanto, dependendo da grandeza desse recalque, podem criar-se problemas de funcionalidade, como, por exemplo, o rompimento de dutos de esgoto e de água, surgimentos de ressaltos entre o logradouro e a entrada da obra etc. Assim, tanto os recalques absolutos quanto os diferenciais (e, portanto, as distorções angulares) devem ser mantidos entre limites prefixados, para garantir que a estrutura cumpra, a contento, suas finalidades. Por essa razão há necessidade de estabelecer o que se denomina **recalque admissível**.

Se for perguntado a um engenheiro mecânico qual o recalque admissível de uma máquina por ele projetada, é possível que a resposta seja recalque nulo ou, no máximo, algumas unidades de milímetro. Evidentemente que esses valores não estão dentro da realidade da Engenharia de Fundações. Entretanto, se realmente a máquina tiver necessidade operacional de trabalhar com esses valores de recalques, é prudente projetá-la com dispositivos de apoio nas fundações que permitam, ao longo de sua utilização, compensar os recalques da mesma (parafusos calantes).

O conceito de recalque admissível, pelo menos para os prédios, está intimamente ligado à tradição da comunidade. Os valores admissíveis são fixados pelos especialistas envolvidos com o projeto, a execução e o acompanhamento do desempenho da obra. Seus valores decorrem da experiência local ao longo de períodos que permitam concluir que, para aqueles tipos de estruturas, com aqueles carregamentos, naqueles tipos de solos e naquelas comunidades, tais valores de recalque podem ser considerados aceitáveis e, portanto, admissíveis.

O trabalho de Golder (1971) ressalta, de maneira bastante ampla, este aspecto da questão. É uma leitura recomendada. Também Golombek (1979) cita uma palestra do Prof. Milton Vargas, onde se comentou que "recalque excessivo é uma questão de temperamento". Nos Estados Unidos, um recalque de 2 cm é um escândalo nacional; em Santos (SP), quando um prédio recalca só 50 cm, "todo mundo fica feliz".

Parece que essa posição também está mudando, pois hoje, em Santos, já se estão executando mais fundações profundas, de modo a reduzir esses valores de recalque. Isso está, inclusive, sendo usado como uma forte razão de venda dos prédios, pois o temperamento do usuário de Santos está mudando e, portanto, também o recalque admissível para essa cidade. Uma reportagem sobre esse problema foi publicada pelo jornal *Folha de São Paulo* na qual se afirmou que os edifícios tortos de Santos chegam a valer 40% do preço de mercado. Nessa reportagem mostravam-se algumas das angústias dos usuários desses edifícios.

3.2 SINTOMAS DA DISTORÇÃO ANGULAR (FISSURAS)

O primeiro sintoma que a distorção angular pode causar em uma estrutura é o surgimento de fissuras.

Na Figura 3.4a apresenta-se, esquematicamente, um trecho de uma estrutura de concreto armado, com fechamento em alvenaria, a qual sofreu um recalque diferencial Δ entre o pilar central e os extremos (Figura 3.4b).

Em consequência do recalque diferencial Δ, surgem esforços adicionais na estrutura. As alvenarias e as vigas são normalmente afetadas em primeiro lugar. Assim, o recalque diferencial Δ introduzirá um momento fletor adicional nas vigas, cujo valor máximo (quando as mesmas foram engastadas nos pilares) será:

$$M = \frac{6 \cdot E \cdot I}{\ell^2} \cdot \Delta \quad (3.2)$$

Como geralmente os pilares não são suficientemente rígidos em relação às vigas para garantir um engaste perfeito, o valor desse momento diminuirá.

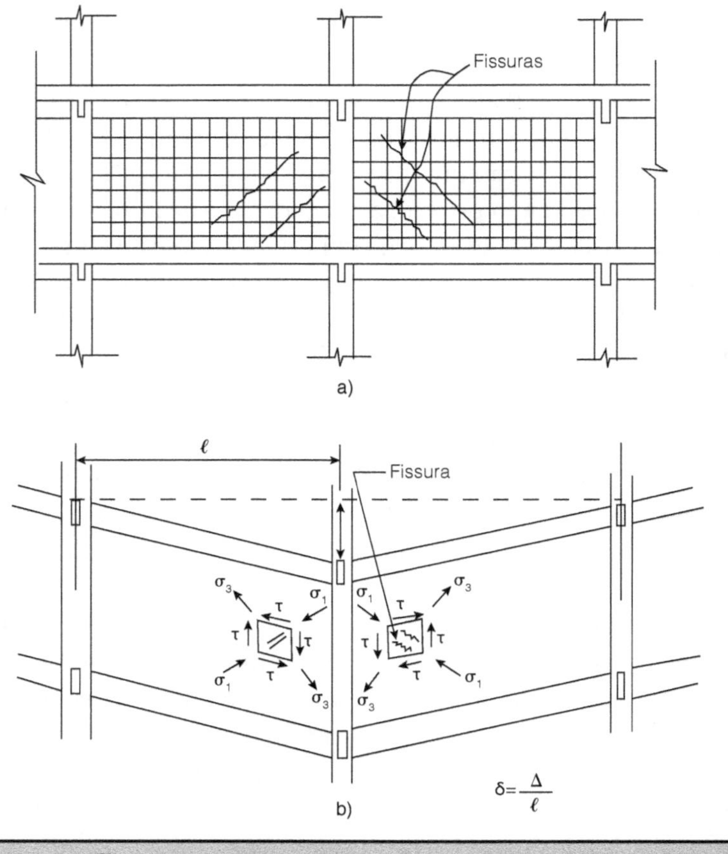

Figura 3.4 – Sintomas da distorção (fissuras).

Na Figura 3.5 apresentam-se os momentos fletores que ocorrem em uma viga contínua quando, à mesma, se impõem recalques no apoio externo (Figura 3.5a), no segundo apoio (Figura 3.5b) e em um apoio central (Figura 3.5c).

Assim, o acréscimo do momento fletor decorrente de um recalque diferencial Δ pode ser expresso genericamente por:

$$M = K \cdot \frac{E \cdot I}{\ell^2} \cdot \Delta \qquad (3.2a)$$

sendo os valores de K variáveis conforme a Figura 3.5 e apresentando valor máximo igual a 6, que corresponde à expressão (3.2).

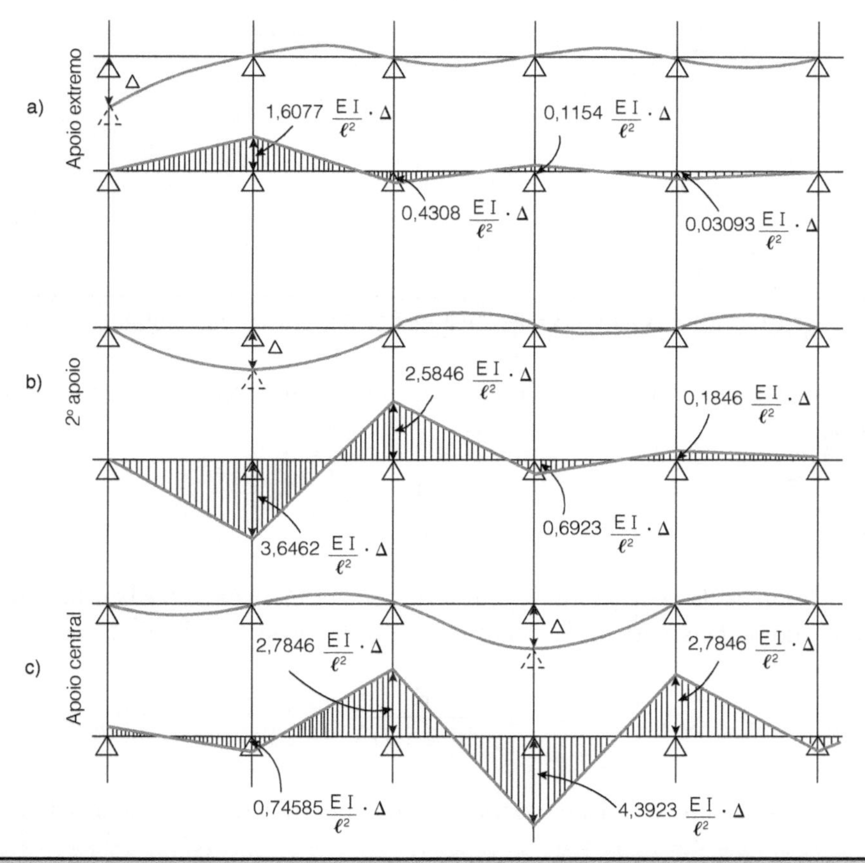

Figura 3.5 – Acréscimo de momentos devido a recalques de apoio.

Quanto à alvenaria, a imposição do recalque diferencial Δ provocará na mesma esforços cisalhantes em suas faces (Figura 3.6a). Na face vertical atuará apenas tensão cisalhante τ (a tensão normal σ é nula). O ponto A da Figura 3.6b representa o estado de tensões atuante nessa face vertical. Analogamente, o ponto B dessa figura representa o estado de tensões da face horizontal da parede. Conhecidos os pontos A e B, é possível desenhar o círculo de Mohr (Figura 3.6b), que permite obter o estado de tensões em qualquer plano transversal ao plano que contém a parede. O polo do círculo de Mohr, nesse caso, coincidirá com o ponto A. Verifica-se que a tensão de tração máxima σ_3 atua em planos inclinados a 45° com a horizontal e tem, para valor, em módulo:

$$\sigma_1 = |\tau| \text{ compressão} \qquad \sigma_3 = |\tau| \text{ tração} \tag{3.3}$$

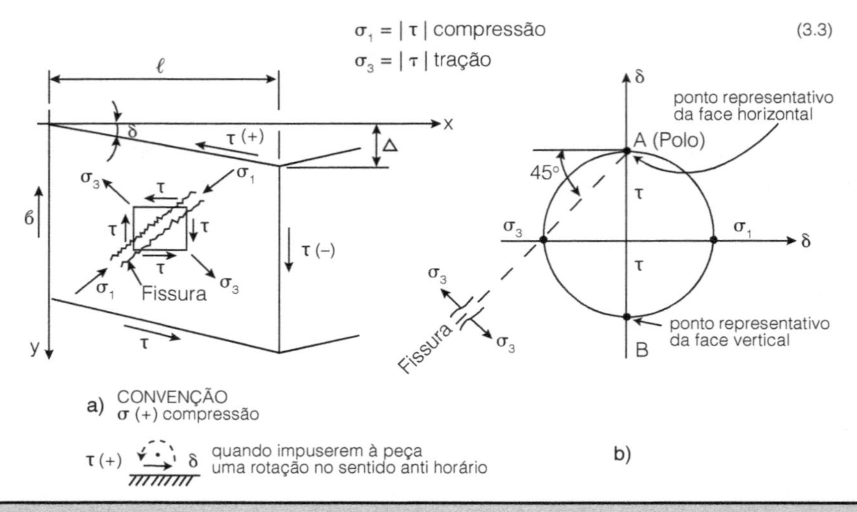

Figura 3.6 – Estado de tensões devido à distorção angular.

Como se sabe da Resistência dos Materiais, a distorção angular é obtida pela expressão:

$$\delta = \frac{\tau}{G} \tag{3.4}$$

em que G é o módulo cisalhante do material que compõe a alvenaria. Sua correlação com o módulo de elasticidade E e coeficiente de Poisson ∂ é dada por:

$$G = \frac{E}{2 \cdot (1 + \partial)} \tag{3.5}$$

A correlação entre tensão e deformação específica é obtida pela Lei de Hooke:

$$\tau_3 = \varepsilon \cdot E \tag{3.6}$$

Tendo em vista a equação (3.3), essa expressão também pode ser escrita

$$\delta = \varepsilon \cdot E \tag{3.6a}$$

Assim, substituindo-se, na expressão (3.4), os valores de $\delta = \Delta/\ell$, de G dado pela expressão (3.5), e de τ dado pela expressão (3.6), obtém-se:

$$\frac{\Delta}{\ell} = 2 \cdot \varepsilon \cdot (1 + \partial) \tag{3.7}$$

que para o caso particular da $\partial = 0$ escreve-se:

$$\frac{\Delta}{\ell} = 2 \cdot \varepsilon \quad (3.7a)$$

A expressão (3.7a) correlaciona a distorção angular que provoca o início da formação de fissuras com a deformação específica do material. Por exemplo, no concreto $\varepsilon = 0{,}15‰$, e, portanto, o início da fissuração ocorre quando a distorção angular atingir:

$$\frac{\Delta}{\ell} = 2 \cdot \frac{0{,}15}{1\,000} \Rightarrow \frac{\Delta}{\ell} \cong 1 \div 3\,300$$

O valor acima corresponde ao início da formação da fissura e, portanto, é praticamente invisível. Porém, com o aumento do recalque diferencial Δ, a fissura vai se abrindo até que se torna "visível" (Figura 3.7). Nesse instante atinge-se o que se denomina distorção angular crítica ($\delta_{crít.}$)

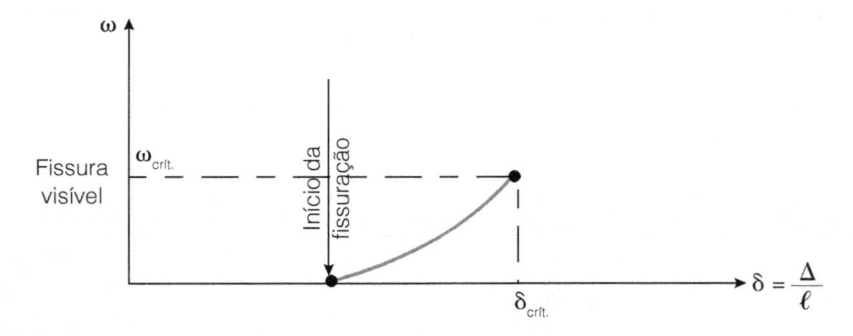

Figura 3.7 – Fissuração (limites).

Ensaios realizados em alvenarias de tijolo encaixadas em quadros de concreto mostraram que as fissuras visíveis ($\delta_{crít.}$) ocorriam com Δ/ℓ entre 0,081% e 0,137% (Burland & Wroth, 1974), correspondendo, portanto, a uma distorção angular crítica:

$$\frac{\Delta}{\ell} = 2 \cdot \left(\frac{0{,}081}{100} \text{ a } \frac{0{,}137}{100} \right)$$

$$\frac{\Delta}{\ell} \cong 1 \div 600 \text{ a } 1 \div 365$$

Em 1963, Bjerrum, com base no trabalho de Skempton & MacDonald, publicado em 1956, propôs os limites do recalque diferencial específico para vários tipos de obra (Figura 3.8).

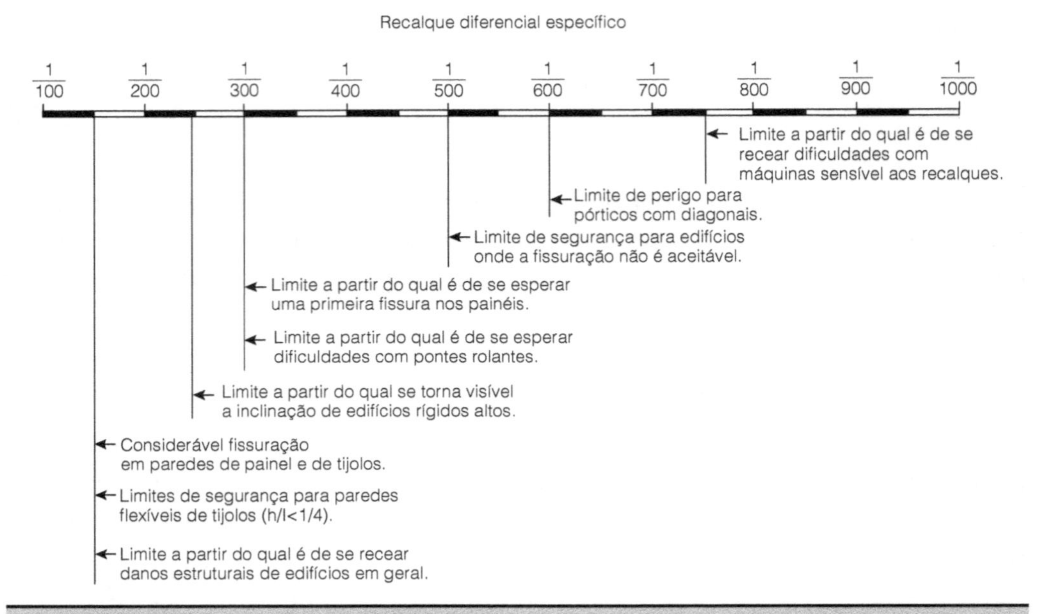

Figura 3.8 – Limites para o recalque diferencial específico.

Outros trabalhos nessa mesma linha (Polshin, 1957) têm sido apresentados (Tabela 3.1).

Tabela 3.1 Inclinações e recalques – Código de edifícios, URSS, 1955.

Item n.	Descrição do valor normal	Subsolo	
		Areia e argila rija	**Argila em estado plástico**
1	Inclinação de apoios de degraus e de pontes rolantes	0,003	0,003
2	Recalques diferenciais entre pilares de fundações de edifícios a) estruturas aporticadas de aço e de concreto armado b) vigas de alinhamento externo de pilares e fechamento em tijolos c) estruturas para as quais não resultem tensões adicionais em decorrência de recalques diferenciais das fundações L = distância entre os eixos das fundações	 0,002 L 0,007* L 0,005 L	 0,002 L 0,001 L 0,005 L
3	Distorção angular de paredes inteiramente de tijolo a) edifícios de vários andares — até L/H < 3 — para L/H > 3 L = comprimento da parede H = altura da parede a partir da fundação b) edifícios de um andar	 0,0003 0,0005 0,0010	 0,0004 0,0007 0,0010
4	Fundações de estruturas rígidas em forma de anel (chaminés, torres de água, silos etc.) nas condições de carga mais desfavorável	0,004	0,004

* Segundo Feld (1957), deverá ser 0,001 L.

3.3 FISSURAS CUJAS CAUSAS NÃO SÃO RECALQUES DE FUNDAÇÕES

Como se expôs anteriormente, as distorções angulares, após certo valor, provocam fissuras com inclinação aproximada de 45° com a horizontal. Porém, nem todas as fissuras com essa inclinação são decorrentes de recalques de fundações. Outras causas podem produzi-las.

Alguns desses casos, extraídos de Thomaz (1987), são transcritos a seguir.

1° caso: Aberturas em painéis

Quando existem aberturas em painéis e não se dispõe de armaduras de canto, podem surgir fissuras, conforme mostra na Figura 3.9, causadas por concentração de tensões.

Figura 3.9 – Abertura em painéis.

2° caso: Paredes expostas à insolação intensa

Este caso, apresentado esquematicamente na Figura 3.10, tem como causa o aumento do comprimento das paredes, quando as mesmas são aquecidas pelo sol. Nesse caso, a distorção angular é praticamente nula junto à fundação e máxima nos últimos pavimentos. Assim, a abertura e comprimento das fissuras são menores nos primeiros pavimentos e máximos nos últimos. Como exemplo, em um prédio com 30 pavimentos (h~100 m), sujeito a uma variação de temperatura de 15 °C, sofrerá um acréscimo de comprimento:

$$\Delta = 10^{-5}\ 15 \cdot 100 = 0{,}015 \text{ m ou } 1{,}5 \text{ cm}$$

É em decorrência desse efeito da temperatura que muitas vezes se ouvem estalos nas esquadrias das fachadas dos prédios durante o dia, quando a temperatura aumenta, e à noite, quando a temperatura diminui.

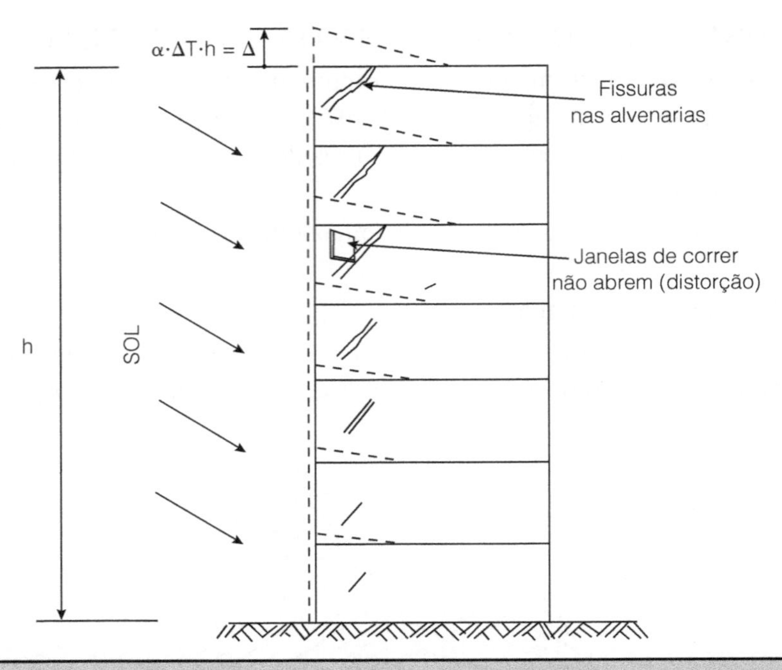

Figura 3.10 – Efeitos de insolação.

3º caso: Paredes apoiadas em lajes flexíveis

Atualmente é comum se projetar em lajes lisas, às vezes protendidas, sobre as quais se apoia a alvenaria (Figura 3.11). Como essas lajes são geralmente muito esbeltas, as mesmas se deformam e causam fissuras na alvenaria.

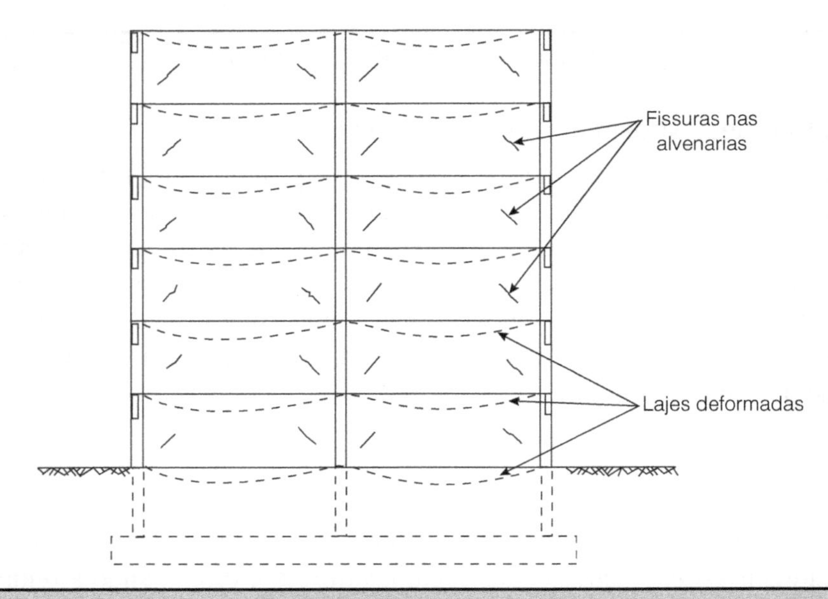

Figura 3.11 – Lajes flexíveis.

4º caso: Insuficiência de estribos em vigas

Quando uma viga tem armadura insuficiente para absorver os esforços cortantes, ocorrem fissuras inicialmente típicas de flexão e, a seguir, fissuras curvas a partir dos apoios para o meio do vão, conforme se indica na Figura 3.12. Essas últimas ocorrem quando se está próximo da ruptura da viga, mostrando que providências urgentes devem ser tomadas, como, por exemplo, escorar a viga ou aliviar a carga sobre a mesma.

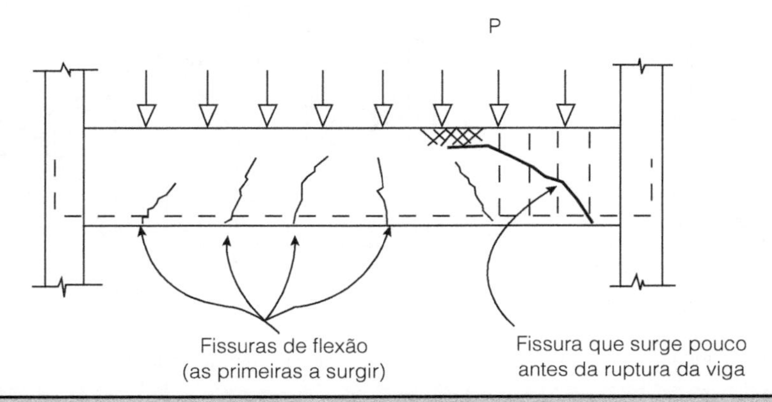

Figura 3.12 – Deficiência de estribos.

5º caso: Balanços "grandes"

Alguns prédios são projetados com grandes balanços, como se esquematiza na Figura 3.13. Esses balanços podem sofrer deslocamentos verticais provocados por deformação lenta do concreto, causando fissuras na alvenaria. Essas fissuras se estabilizam com o tempo, quando toda a deformação lenta do concreto tiver ocorrido.

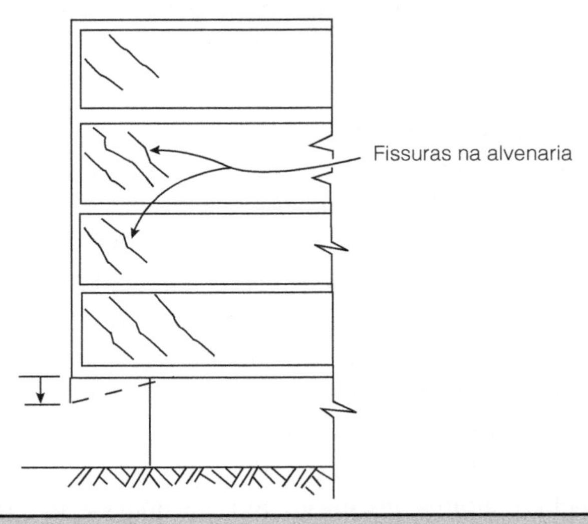

Figura 3.13 – Deformação lenta em balanços.

6º caso: Vigas de bordo onde se apoiam vigotas da laje

Este caso, indicado na Figura 3.14, é decorrente do engaste das vigotas do piso na viga de bordo. Essas vigotas introduzem momento torsor na viga de bordo, que deverá ser considerado no cálculo; caso contrário, ocorrerão fissuras "helicoidais" próximas aos apoios.

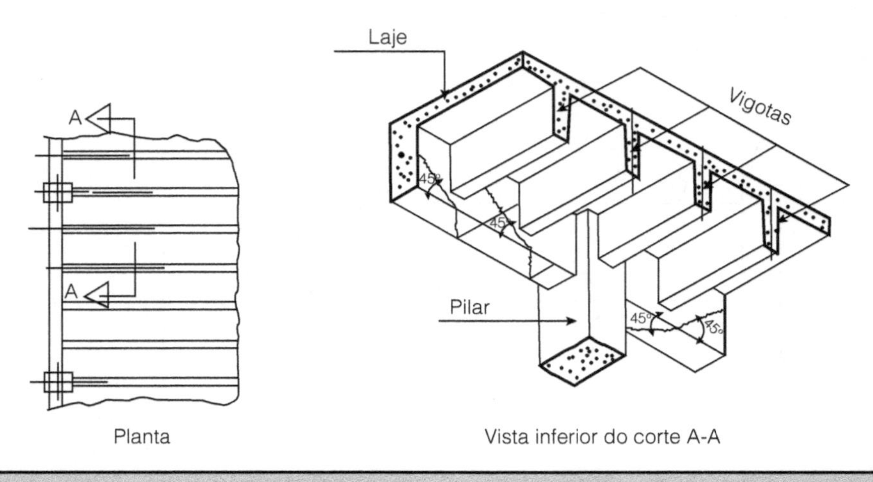

Figura 3.14 – Torção em viga de bordo.

3.4 DISTORÇÃO ANGULAR DECORRENTE DO RECALQUES EXCESSIVOS DAS FUNDAÇÕES

Os recalques excessivos de uma fundação podem ter várias causas. Algumas dessas causas são aqui citadas, para alertar os jovens engenheiros que se iniciam na área da Engenharia de Fundações. Não é uma lista completa, mas relatam-se os casos mais frequentes e que vez por outra repetem-se.

a) Colapsibilidade e expansabilidade

Dois tipos de solos são particularmente afetados, quanto às suas características de deformabilidade por ação da água: os colapsíveis a os expansivos.

Esses tipos de solos estão sendo mais bem estudados ultimamente, tendo sido reservado, no último Congresso Brasileiro de Mecânica dos Solos e Engenharia de Fundações (6º CBGE/IX COBRAMSEF), realizado em 1990, na cidade de Salvador, um tema, o de n. VII, que engloba uma série de trabalhos em que são apresentadas e discutidas as experiências até aqui acumuladas em nosso país.

Solos colapsíveis: estes solos são constituídos por macroporos, às vezes visíveis aolho nu. Por essa razão, também são denominados "porosos". Nesses solos, os grãos são ligados pelos contatos das suas pontas, as quais se mantêm precariamente juntas por uma fraca cimentação. São solos característicos de regiões tropicais de invernos secos e verões muito chuvosos. Quando sobre eles atua uma tensão superior ao peso da terra, concomitantemente com aumento de umidade por inundação, ocorre um súbito recalque (colapso estrutural das ligações entre grãos). Para que a colapsividade ocorra, há necessidade de uma elevação do nível de água e da aplicação externa de cargas (Figura 3.15). Sem a aplicação de cargas externas, só a elevação do nível de água não é suficiente para criar colapso, pois não se altera a resistência das fracas cimentações entre os grãos do solo. Essa é a explicação por que esses solos, mesmo quando superficiais, não perdem sua colapsividade, apesar de receberem chuvas desde sua formação. Sua permeabilidade é suficientemente alta para que a água da chuva percole sem saturá-lo, não conseguindo, portanto, dissolver ou destruir a cimentação de seus contatos.

Quando uma fundação se apoia nesse tipo de solo e o mesmo sofre saturação, ocorrerão recalques (Figura 3.15).

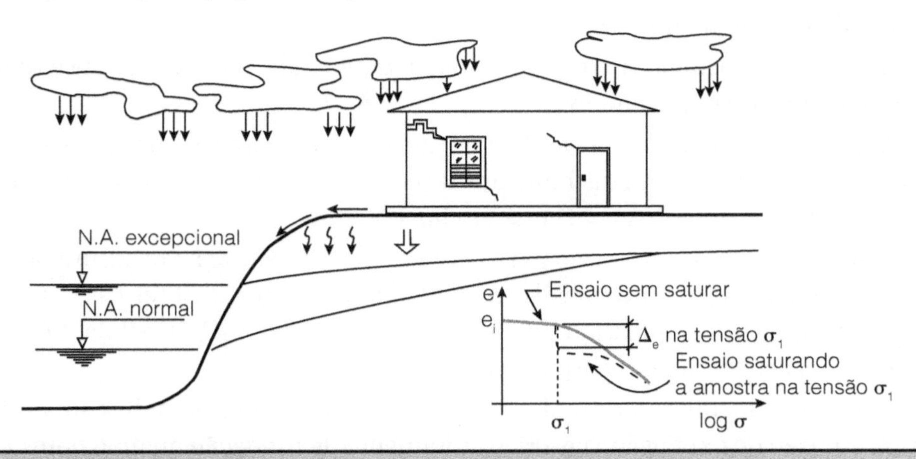

Figura 3.15 – Recalques em solos colapsíveis por inundação.

Para verificar se um solo é colapsível, coloca-se uma amostra indeformada do mesmo no anel da célula de adensamento, e carrega-se a mesma até a tensão σ_1 prefixada. A seguir, satura-se a amostra, por inundação, e mede-se a variação do índice de vazios Δe.

Conhecido o índice de vazios e1 antes da saturação, calcula-se o coeficiente de colapso pela expressão (Vargas, 1977):

$$i = \frac{\Delta e}{1 + e_i} \tag{3.8}$$

O solo é considerado colapsível se $i > 0{,}02$.

Existe uma tensão σ_2 (Figura 3.15) a partir da qual não mais ocorrerá o colapso, provavelmente porque a tensão σ_2 destrói as ligações precárias dos grãos e, portanto, a partir desta tensão os grãos rolam ou deslizam uns sobre os outros e a saturação não terá mais efeito sobre a resistência, pois não mais ocorrerá a dissolução da cimentação.

Sobre este tema, recomenda-se a leitura de Cintra e Aoki (2009), presente nas referências.

Solos expansivos: o comportamento dos solos tropicais argilosos é governado pela natureza minerológica dos grãos que compõem a fração argila (grãos com diâmetro inferior a 2μ). Segundo Vargas (1987), para fins geotécnicos, é suficiente considerar três classes de argilas: as caulinitas, as ilitas e as montmorilonitas. A maioria dos nossos solos tropicais são cauliníticos e, portanto, inertes sob a ação da água. Porém há importantes ocorrências de solos expansivos, como, por exemplo, nos massapés do Recôncavo Baiano, nas argilas da formação Tubarão, do sul do país, nas argilas cinzas da formação Guabirotula, no Paraná, nos folhelhos do Vale do Paraíba, em São Paulo, na região nordeste de Pernambuco etc., onde a fração de argila contém elevado teor de montmorilonita.

Do ponto de vista de fundações, é importante conhecer a **tensão de expansão** e a **percentagem de expansão livre**.

A tensão de expansão é o valor da tensão que necessita ser aplicada sobre uma amostra indeformada, instalada num anel da célula de adensamento, de tal sorte que não ocorra sua expansão ($\Delta e = 0$) quando imersa.

A percentagem de expansão livre é a relação entre variação da altura do corpo de prova e seu comprimento inicial, antes da imersão. Para se obter essa grandeza, também se utiliza uma amostra indeformada instalada no anel da célula de adensamento, porém sem se aplicar carga à mesma ($p = 0$).

Quando se instala uma fundação nesses solos e a mesma aplica uma tensão inferior à tensão de expansão, haverá levantamento da fundação quando houver contato da água com a montmorilonita. No caso de a fundação ser do tipo profundo (Figura 3.16), a mesma sofrerá uma força de tração, que tenderá a arrancá-la, caso não se encontre ancorada no solo inerte.

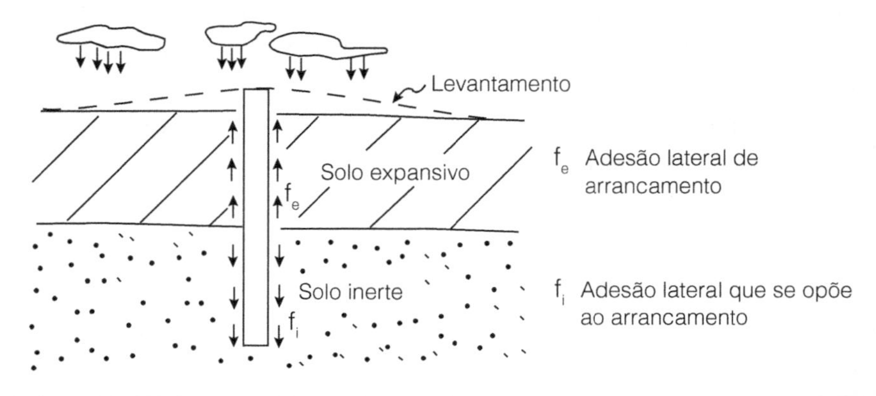

Figura 3.16 – Esforços devidos à expansão de solos.

A expansabilidade também poderá ocorrer em solos que não contenham a montmorilonita, mas que entrem em contato com produtos químicos que reajam com a água nele contida, ou com seus componentes. Assim, é comum em algumas indústrias ocorrerem levantamentos de pisos, desnivelamentos de equipamentos e flexão de pilares alguns anos após sua construção, quando produtos químicos fabricados ou utilizados pela indústria entram em contato com o solo e com ele reagem.

b) Outras ações da água

A ação da água também pode gerar recalques excessivos, quando provoca o carreamento de partículas do solo por percolação, descalçando a fundação. Um caso típico (Figura 3.17) ocorreu em Ceilândia, próximo a Brasília, conforme relato de Abrahão et al. (1989). O alto índice pluviométrico causou erosão superficial (Figura 3.17a), que desconfinou as galerias (Figura 3.17b). À medida que a erosão progrediu, diminuiu o caminho de percolação da água, aumentando o gradiente hidráulico e as forças de percolação. Face à porosidade e à baixa resistência do solo, criaram-se depressões na superfície (*sinkholes*), causadas por rupturas internas (Figura 3.17c). Os enormes vazios provocaram a perda de estabilidade e consequente afundamento da superfície (*piping*) (Figura 3.17d).

Esse fenômeno poderá também ocorrer em regiões de rochas calcárias, onde é comum a existência de cavernas para as quais migram as águas, numa situação análoga à das Figuras 3.17c e 3.17d.

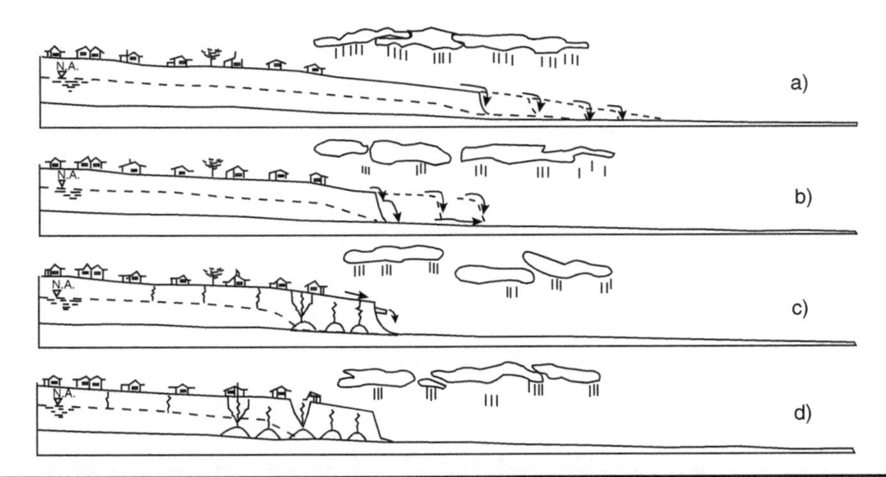

Figura 3.17 – Recalques por carreamento de partículas.

O rebaixamento do lençol freático também é causa de recalques. Golombek (1979) cita o caso da zona residencial dos Jardins, na cidade de São Paulo, onde as construções se apoiavam em estacas de madeira. Na medida em que foi aumentando a urbanização da área, com consequente impermeabilização superficial, ocorreu um "secamento" do lençol na parte superior. As estacas, que antes estavam imersas, sofreram deterioração, ocasionando recalques. Esse é um exemplo de rebaixamento regional geral. Mas também há casos de recalques provenientes de rebaixamento local. Esse tipo de rebaixamento é muito comum hoje em dia, face à quantidade de obras civis executadas abaixo do lençol freático (subsolos de prédios, obras do metrô etc.), e o mesmo pode provocar recalques, em obras contíguas, por acréscimo da tensão efetiva.

c) Deficiências na prospecção geotécnica

Pode ocorrer que, durante uma campanha de investigação geotécnica, não se detectem camadas compressíveis que serão solicitadas pela futura fundação (Figura 3.18a). Entre nós, cita-se o caso espetacular do Edifício da Companhia Paulista de Seguros, na rua Líbero Badaró (Vargas, 1972 e 1980), que necessitou ser reforçado.

Esse reforço foi feito congelando-se o terreno para parar os recalques e, a seguir, construindo-se tubulões de reforço. O mesmo poderá ocorrer em regiões de rochas calcárias (Figura 3.18b), onde é comum a ocorrência de cavernas que deverão ser detectadas e eventualmente tratadas, para garantir a capacidade de carga e os recalques.

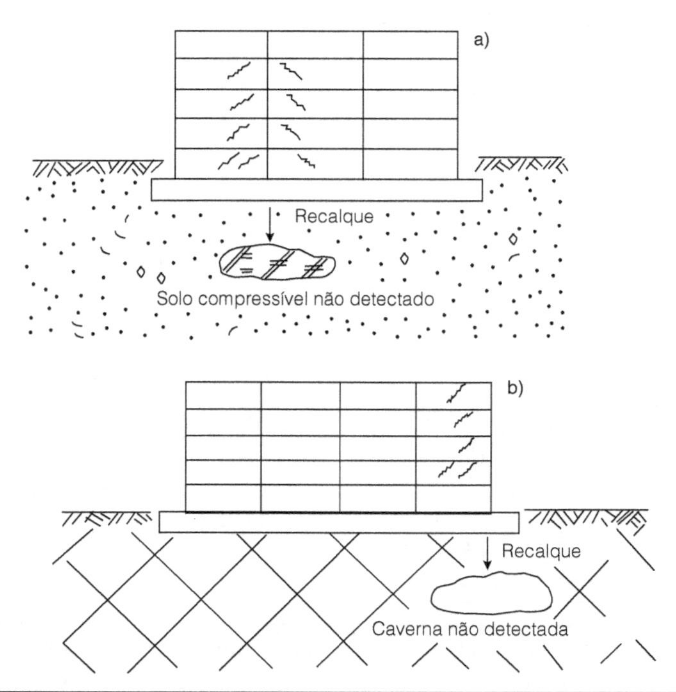

Figura 3.18 – Recalque por deficiências na investigação geotécnica.

d) Existência de espessas camadas compressíveis

Quando existem espessas camadas de solos compressíveis, é comum apoiar-se a estrutura em estacas, que transmitem a carga às camadas profundas resistentes do solo.

Se existirem aterros ou escavações nessas camadas compressíveis, aparecerão esforços adicionais nas estacas, que se somam às cargas de projeto. A não consideração desses esforços adicionais poderá causar recalques e, consequentemente, fissuras. No caso indicado na Figura 3.19, o aterro impõe carregamento adicional às estacas, denominado atrito negativo. Se as estacas forem inclinadas, além do atrito negativo, também ocorrerão esforços devidos à flexão. O cálculo desses esforços pode ser encontrado no Capítulo 6 do livro *Dimensionamento de Fundações Profundas*, deste autor.

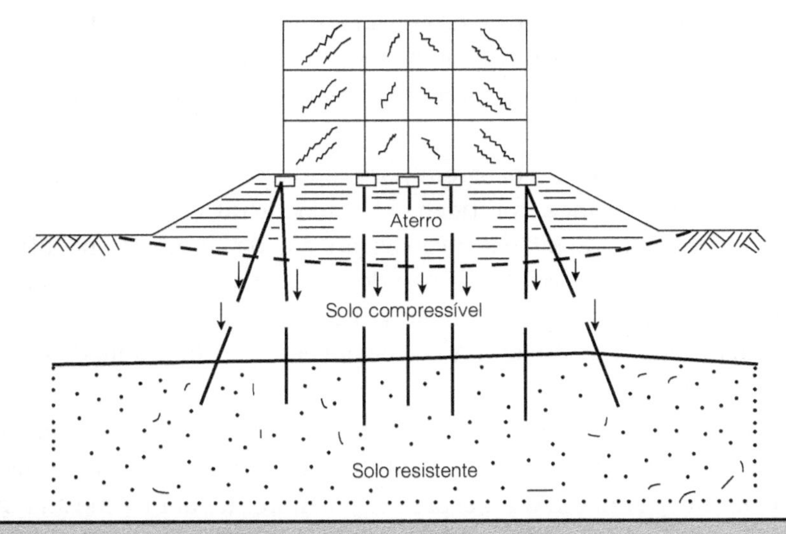

Figura 3.19 – Atrito negativo.

Se existirem cargas verticais assimétricas, quer seja por aterro (Figura 3.20a), quer seja por escavação (Figura 3.20b), ocorrerão nas estacas esforços transversais devidos ao adensamento lateral e movimento da camada compressível do lado mais carregado para o menos carregado. É o chamado "efeito Tschebotarioff".

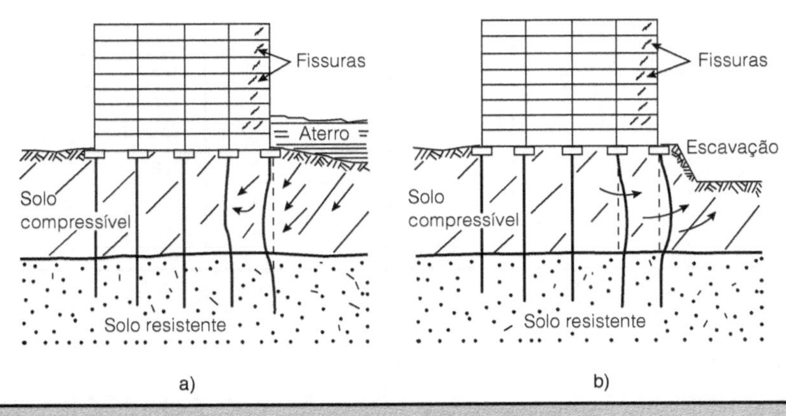

Figura 3.20 – Efeito Tschebotarioff.

Se os esforços transversais advindos desse efeito não forem equilibrados pelas estacas, ou por um escoramento da estrutura, esta poderá se deslocar transversalmente, aparecendo fissuras na mesma.

Além dos esforços já mencionados, que só ocorrem nas estacas após sua instalação, também podem existir esforços durante a cravação destas quando atravessam espessas camadas compressíveis. Estes esforços, se não forem levados em conta, poderão acarretar acidentes, às vezes não percebidos durante a cravação e que ocasionarão, futuramente, recalques, ao se construir a estrutura. O primeiro cuidado a ser tomado, neste caso, é quanto ao dimensionamento do sistema de cravação (peso do pilão, altura de queda e espessuras do cepo e do coxim), para evitar ruptura da estaca em decorrência dos esforços de tração devidos à propagação das ondas de choque do pilão.

Esses esforços de tração ocorrem porque, durante a cravação nestes solos, a resistência de ponta da estaca é praticamente nula, de tal sorte que a onda de choque ocasionada pelo impacto do pilão se propaga até sua ponta e, não encontrando resistência, passa a tracionar a estaca. Um estudo de cravabilidade, calcado por exemplo na teoria de Smith (1960), para verificar a ordem da grandeza destes esforços, torna-se necessário na fase de projeto. A estaca deverá ser dimensionada para resistir a esses esforços de tração.

Além desse fenômeno, há que se considerar, também, a possibilidade da ocorrência da instabilidade dinâmica direcional (Aoki & Alonso, 1988). Essa instabilidade provoca encurvamento do eixo da estaca e, portanto, flexão na mesma quando for carregada pela estrutura. Na Figura 3.21 apresentam-se medidas de encurvamento de duas estacas SCAC com 50 cm de diâmetro, cravadas em local da Baixada Santista.

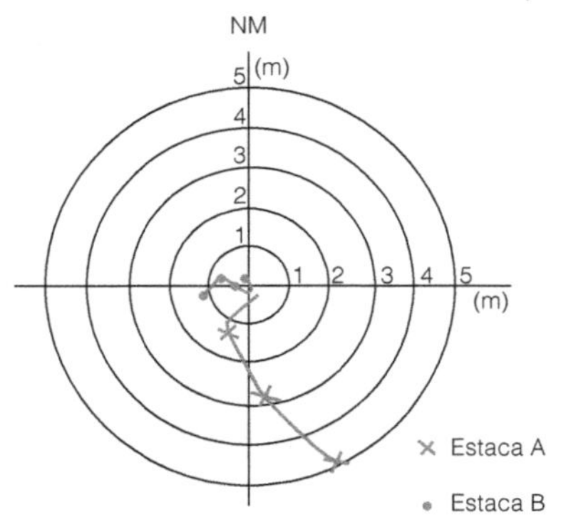

ALEMOA						
ESTACA SCAC D = 50 cm						
Estaca n.	**Profundidade (m)**	**Inclinação (°)**	**Direção (o)**	**Deslocamento (m)**	**L/d**	**(%)**
A	14,80	6	145	0,32	30	2,0
	20,80	9	210	1,22	42	5,9
	29,80	23	173	2,86	60	9,6
	38,80	15	137	5,11	78	13,2
B	14,58	2	291	0,11	29	0,8
	20,58	2	165	0,32	41	1,6
	26,58	4	268	0,63	53	2,4
	32,58	4	257	1,05	65	3,2

Figura 3.21 – Instabilidade dinâmica direcional.

e) Existência de camadas de argila rija

Quando uma estaca maciça ou um tubo com ponta fechada é cravado através de camadas de argilas rijas a duras, sem prévia perfuração das mesmas, poderão ocorrer acidentes que se refletirão num mau desempenho durante a atuação das cargas da estrutura, provocando recalques.

Como é sabido nesses casos, a superfície do solo, junto às estacas já cravadas, sofre levantamento devido ao deslocamento, para cima, do solo deslocado pelo volume ocupado pela estaca que está sendo cravada. Assim, as estacas adjacentes àquela que está sendo cravada sofrem esforços ascendentes, que tenderão a separar os elementos da estaca nas emendas (Figura 3.22a) ou a levantar toda a estaca, se as emendas resistirem à tração (Figura 3.22b). Quando as estacas são do tipo Franki, poderá haver separação entre o fuste e a base (Figura 3.22c). Vargas (1972 e 1980) cita o caso do edifício do Banco do Estado de São Paulo, construído nos anos 1940. O subsolo local consistia de uma camada superior de argila rija variegada, que por efeito da cravação dos tubos, com pontas fechadas, provocou o levantamento do nível do terreno em cerca de 70 cm, tracionando as estacas e separando o fuste da base das mesmas.

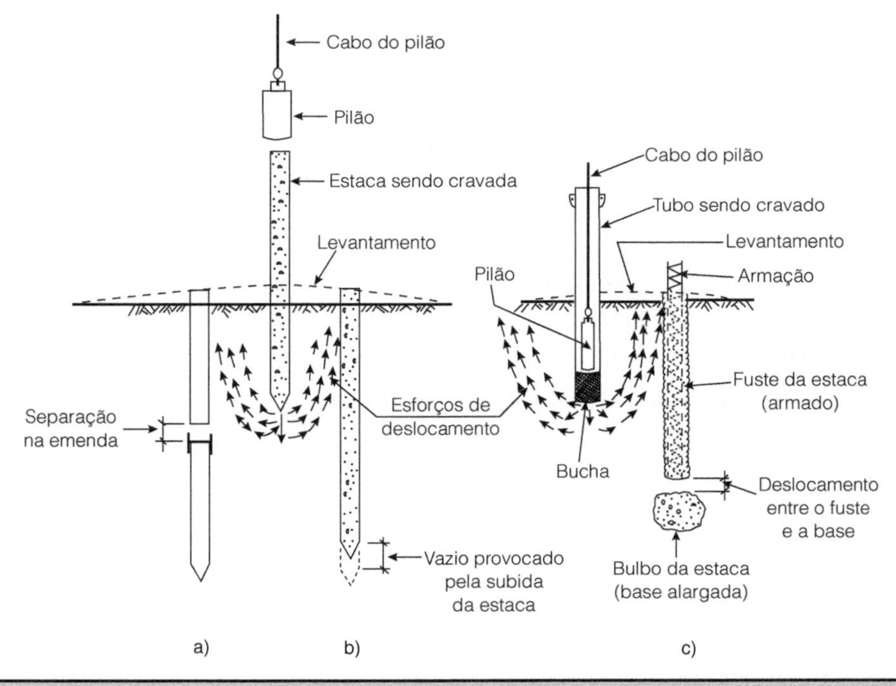

Figura 3.22 – Levantamento em argilas rijas a duras.

Disso resultou que cinco provas de carga sobre as estacas mostraram que as mesmas rompiam com a carga de trabalho prevista. Já imaginando o ocorrido, testou-se a última estaca executada e verificou-se que a mesma só rompeu com três vezes a carga de trabalho. Para confirmar o fenômeno, fez-se uma escavação entre quatro estacas até suas bases alargadas e constatou-se que os fustes estavam separados das mesmas cerca de 30 a 50 cm. Um fato interessante foi que a tensão de compressão na argila foi de tal magnitude, que o intervalo entre o fuste e a base estava completamente obturado, parecendo que nunca fora aberto.

O reforço da obra consistiu em se executar cerca de 400 novas estacas entre as já existentes, desta vez pré-perfurando o terreno. É por essa razão que a norma NBR 6122 alerta para o controle do levantamento e prescreve várias recomendações.

3.5 REFERÊNCIAS

ABRAHÃO, R. A.; GAIOTO, N. e VELLOSO D. A. (1989) "A Case of Underground Erosion in Brasilia" – Proceedings of XII ICSMFE, Rio de Janeiro.

AOKI, N. e ALONSO, U. R. (1988) "Instabilidade Dinâmica na Cravação de Estacas em Solos Moles da Baixada Santista" – Simpósio sobre Depósitos Quaternários das Baixadas Litorâneas Brasileiras – Rio de Janeiro.

BJERRUM, L. (1963) Discussion in the "European Conference on Soil Mechanics and Foundation Engineering" – Wiesbahden, Alemanha.

BURLAND, J. B. e WROTH, C. P. (1974) "Settlement of Building and Associated Damage" – Conf. on Settlement of Structures – Cambridge.

CINTRA, J. C. A. e AOKI, N. (2009) "Projeto de Fundações em Solos Colapsíveis" – EESC – USP.

GOLDER, H. Q. (1971) "The Allowable Settlement of Structure" – IV PCSMFE – Puerto Rico.

GOLOMBEK, S. C. (1979) "Reforço das Fundações" – Palestra na Sociedade Mineira de Engenheiros – Belo Horizonte.

NOVAES FERREIRA, H. (1976) "Assentamentos Admissíveis" – *Revista Geotécnica* da Sociedade Portuguesa de Geotecnia – nov. e dez.

POLSHIN, D. E. e TOKAR, R. A. (1957) "Maximum Allowable Non-uniform Settlement of Structures" – IV I.C.S.M.F.E.

SKEMPTON, A. W. e MacDONALD, D. H. (1956) "Allowable Settlement of Buildings" – Procedings of the I.C.E. – London.

SMITH, E. A. L. (1960) "Pile Driving Analysis by the Wave Equation" – tradução n. 8 da ABMS – Núcleo Regional de São Paulo.

THOMAZ, E. (1987) "Fissuração – Casos Reais" – Palestra no Instituto de Engenharia de São Paulo.

THOMAZ, E. (1989) "Trincas em Edifícios" – Causas, prevenção e recuperação – coedição IPT/EPUSP/PINI.

VARGAS, M. (1972) "Fundações de Edifícios em São Paulo e Santos" – *Revista Politécnica* – jan.

VARGAS, M. e SILVA, F. P. (1973) "O Problema das Fundações de Edifícios Altos – Experiência de São Paulo e Santos" – Conferência Regional Sul-Americana Sobre Edifícios Altos – Porto Alegre.

VARGAS, M. (1977) "Introdução a Mecânica dos Solos" – Editora da Universidade de São Paulo.

VARGAS, M. (1980) "Um Panorama Histórico da Mecânica dos Solos no Brasil" – Palestra comemorativa do 30° aniversário da A.B.M.S. – set.

VARGAS, M. (1987) "Identificação e Classificação de Solos Tropicais" – Ciclo de Palestras sobre Engenharia de Fundações – Núcleo Regional Nordeste da ABMS.

VARGAS, M. (1988) "Collapsible and Expansive Soils in Brazil" – 2nd Int. Conf. on Geomechanics in Tropical Soils – Singapura.

6° CBGE/IX COBRAMSEF (1990) "Solos Colapsíveis, Expansivos, Dispersivos e Lateríticos" – Tema VII, pp. 73 a 289 do vol. 2 dos Anais do Congresso realizado em Salvador (diversos autores).

4 PREVISÃO DA CARGA ADMISSÍVEL A PARTIR DA SEGURANÇA À RUPTURA

4.1 INTRODUÇÃO

A capacidade de carga, contra a ruptura, de um elemento de fundação é aquela que aplicada ao mesmo provoca o colapso ou o escoamento do solo que lhe dá suporte ou do próprio elemento. Assim, essa capacidade de carga é obtida pelo menor dos dois valores:

a) resistência estrutural do material (ou materiais) que compõe o elemento da fundação;

b) resistência do solo que dá suporte ao elemento.

Como geralmente o solo é o elo mais fraco desse binômio, pode-se entender por que um mesmo elemento estrutural de fundação (perímetro e área transversal iguais), instalado em diferentes profundidades do mesmo solo, apresentará diferentes capacidades de carga e, consequentemente, diferentes cargas admissíveis (Figura 4.1a). Isso também ocorrerá quando um elemento estrutural, com os mesmos comprimentos, perímetro e área transversal, for instalado em diferentes solos (Figura 4.1b). É por essa razão que não se deve prefixar a carga admissível de elementos de fundação, como ocorre geralmente com as firmas de fundação que trabalham com estacas. O que se pode tabelar é a carga máxima das estacas do ponto de vista estrutural, ficando a carga admissível condicionada ao tipo de solo e à profundidade onde as mesmas serão instaladas. Como a profundidade de instalação das estacas também depende do equipamento e do processo executivo, vê-se que a carga admissível depende, além dos fatores acima mencionados, do sistema de instalação dos elementos de fundação (equipamentos). A Tabela 4.1, extraída do catálogo da firma SCAC, apresenta isso de maneira clara, pois ressalta que a carga indicada na tabela refere-se ao elemento estrutural e que a garantia da mesma depende de uma análise dos dados geotécnicos, conforme nota ao final da tabela.

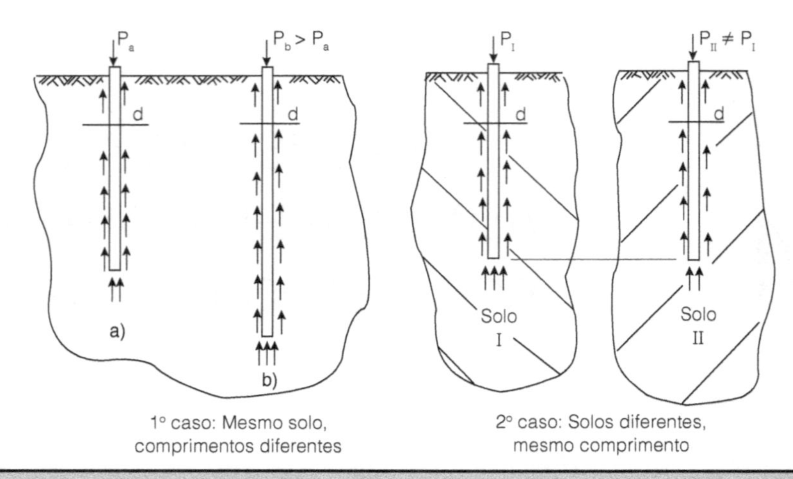

Figura 4.1 – Capacidade de carga de elementos de fundação com o mesmo perímetro e a mesma área transversal.

Tabela 4.1 Tipos, características e comprimentos padrões das estacas prefabricadas de concreto armado centrifugado (extraída do catálogo da SCAC).

<table>
<tr><th>Diâmetro Φ (cm)</th><th>Carga máx. adm. estrut. (kN)</th><th>Peso nominat. (kg/m)</th><th>Espes. parede (cm)</th><th colspan="5">Comprimentos-padrão (metros)</th></tr>
<tr><td>20</td><td>300</td><td>66</td><td>6</td><td>4,30</td><td>5,65</td><td>–</td><td>7,00</td><td>11,50</td></tr>
<tr><td>23</td><td>400</td><td>80</td><td>6</td><td>4,30</td><td>5,65</td><td>–</td><td>7,00</td><td>11,50</td></tr>
<tr><td rowspan="2">26</td><td rowspan="2">500</td><td rowspan="2">94</td><td rowspan="2">6</td><td rowspan="2">4,30</td><td rowspan="2">5,65</td><td rowspan="2">5,90</td><td rowspan="2">7,00</td><td>11,50</td></tr>
<tr><td>12,00</td></tr>
<tr><td rowspan="2">33</td><td rowspan="2">750</td><td rowspan="2">143</td><td rowspan="2">7</td><td rowspan="2">4,30</td><td rowspan="2">5,65</td><td rowspan="2">5,90</td><td rowspan="2">7,00</td><td>11,50</td></tr>
<tr><td>12,00</td></tr>
<tr><td rowspan="2">38</td><td rowspan="2">900</td><td rowspan="2">200</td><td rowspan="2">7</td><td>4,00</td><td>5,65</td><td>7,00</td><td rowspan="2">10,80</td><td rowspan="2">11,50</td></tr>
<tr><td>4,30</td><td>6,00</td><td>8,80</td></tr>
<tr><td>42</td><td>1150</td><td>214</td><td>8</td><td>4,00</td><td>6,00</td><td>8,80</td><td>10,80</td><td>12,00</td></tr>
<tr><td>50</td><td>1700/1800</td><td>290</td><td>9/10</td><td>4,00</td><td>6,00</td><td>8,80</td><td>10,80</td><td>12,00</td></tr>
<tr><td>60</td><td>2300/2500</td><td>393</td><td>10/11</td><td>4,00</td><td>6,00</td><td>8,80</td><td>10,80</td><td>12,00</td></tr>
<tr><td>70</td><td>3000/3300</td><td>510</td><td>11/12</td><td>3,87</td><td>5,90</td><td>8,80</td><td>10,80</td><td>12,00</td></tr>
</table>

Características dos materiais:

Concreto fck = 35 MPa

Aço fyk = 500 MPa

Nota importante:

A carga máxima admissível estrutural indicada nesta tabela atende ao item 7.7.1.4.1-c da norma NBR 6122, da ABNT.

A SCAC garantirá estas cargas, do ponto de vista do solo-suporte, após análise dos dados geotécnicos.

Para a obtenção da resistência do ponto de vista estrutural, pode-se recorrer aos livros de concreto armado ou de estruturas de aço. Neste capítulo será abordado apenas o aspecto de resistência do solo. Nesse caso, a primeira preocupação do engenheiro é garantir-se contra o risco de ruptura e, portanto, escolher coeficientes de segurança adequados. Geralmente adotam-se valores variáveis entre 2 e 3, obtendo-se o limite superior P(1) da carga a aplicar ao elemento de fundação, limite esse que será confirmado ou não após o estudo dos recalques da estrutura apoiada nesses elementos de fundação, sujeitos, cada um, à ação da carga P(1) dada pela expressão:

$$P(1) = \frac{PR}{C.S.} \tag{4.1}$$

em que:

P(1) é o limite superior da carga a aplicar ao elemento estrutural da fundação. Essa carga fornece adequado coeficiente de segurança à ruptura, mas não necessariamente ao recalque.

PR é a capacidade de carga (menor dos valores calculados sob o ponto de vista do solo e estrutural).

C.S. é o coeficiente de segurança, fixado pela norma NBR 6122:2010, para cada tipo de fundação, em função do método usado para se estimar a carga de ruptura PR.

Para a estimativa da carga PR usam-se os perfis geotécnicos, geralmente fornecidos pelas sondagens a percussão, eventualmente complementados por outros ensaios geotécnicos. Nesses perfis são indicados os horizontes dos diversos tipos de solo que compõem o terreno, suas resistências e a posição do nível d'água. Como o perfil geotécnico é obtido através de sondagens realizadas em alguns pontos do terreno, torna-se necessário aferir, durante a execução, se as profundidades e a capacidade de carga estão satisfazendo aquelas adotadas no projeto. Para tanto, lança-se mão de procedimentos de controle específicos para cada tipo de fundação.

4.2 CAPACIDADE DE CARGA DE FUNDAÇÕES RASAS

1º método: Realização de prova de carga sobre placa

Este ensaio procura reproduzir, no campo, o comportamento da fundação sob a ação das cargas que lhe serão impostas pela estrutura. O ensaio costuma ser feito empregando-se uma placa rígida com área não inferior a 0,5 m^2, que é carregada por meio de um macaco hidráulico reagindo contra uma carga (Figura 4.2a) ou contra um sistema com tirantes ancorados no solo (Figura 4.2b).

Com base nesse ensaio, é possível correlacionar a tensão aplicada (lida no manômetro acoplado ao macaco hidráulico) e o recalque medido nos deflectômetros, sendo, portanto, possível traçar a curva tensão x recalque (Figura 4.3).

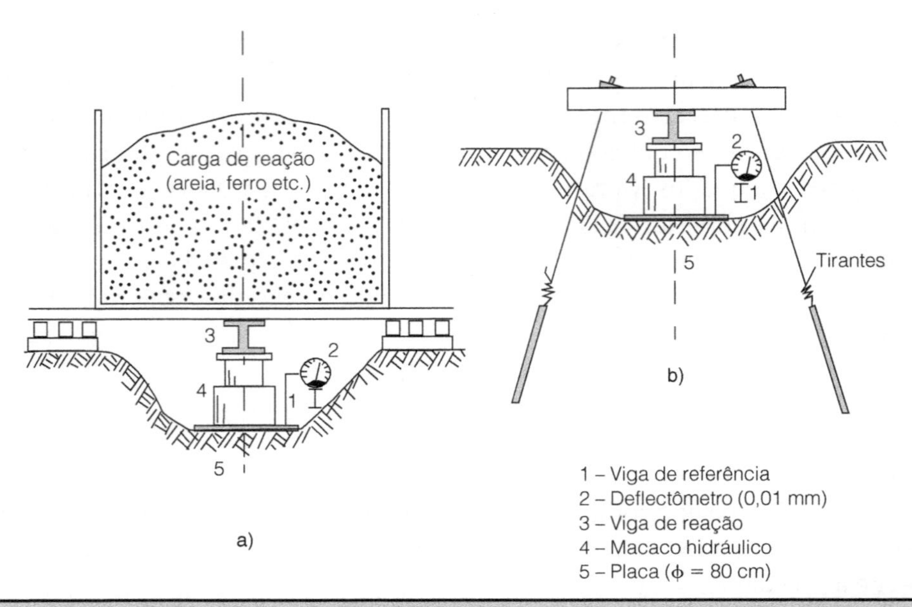

Figura 4.2 – Realização de prova de carga em placa.

A tensão é aplicada em estágios, conforme prescreve a norma NBR 6489. Cada novo estágio só é aplicado após estar estabilizado o recalque do estágio anterior. Costuma-se, também, anotar o tempo de início e término de cada estágio. A curva teórica tensão x recalque é obtida ligando-se os pontos estabilizados (linha pontilhada da Figura 4.3).

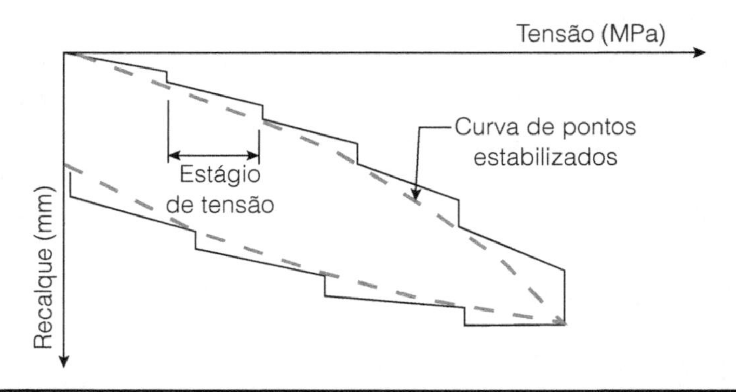

Figura 4.3 – Resultado da prova de carga.

Poderá ocorrer que, ao se realizar a prova de carga, não se caracterize a tensão de ruptura do solo, tendo-se uma curva análoga àquela da Figura 2.1b do Capítulo 2. Caso não seja possível aumentar o nível de tensões de modo a caracterizar a tensão de ruptura (objetivo que sempre deve ser perseguido), pode-se estimar esta tensão, ajustando-se uma equação matemática à curva tensão x recalque, como foi visto no Capítulo 2.

Neste item será analisada a expressão proposta por Van der Veen, por ser a mesma muito difundida em nosso meio técnico.

Segundo Van der Veen, a curva tensão x recalque (Figura 4.4) pode ser expressa por:

$$\sigma = \sigma_R\left(1 - e^{-\alpha \cdot r}\right) \tag{4.2}$$

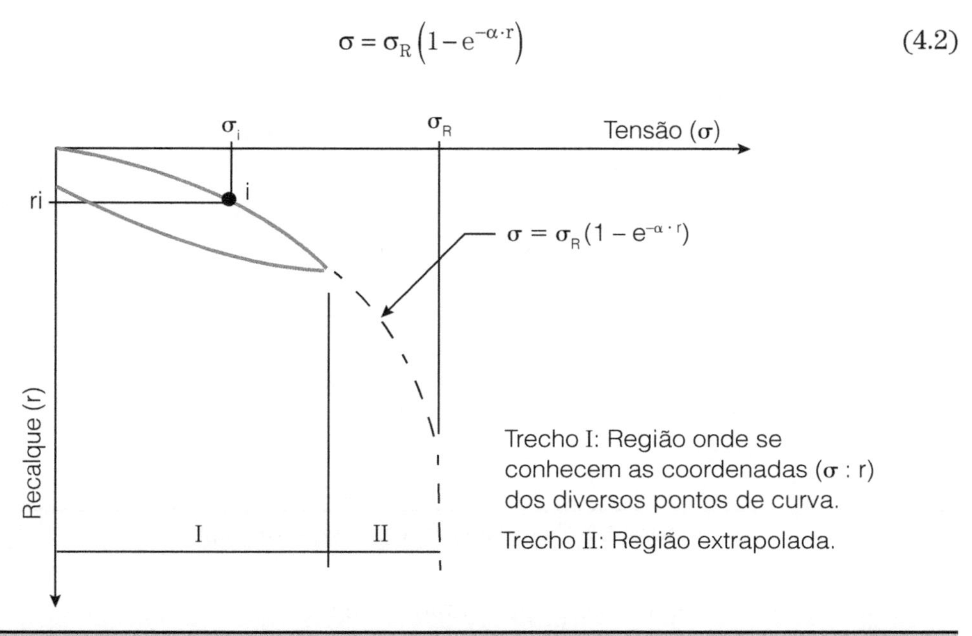

Figura 4.4 – Equação proposta por Van der Veen.

em que σ e r são as coordenadas dos diversos pontos da curva tensão x recalque, do trecho I, onde essa curva é conhecida, σ_R é a tensão de ruptura (valor que se deseja calcular), α é um coeficiente que depende da forma da curva.

Como se dispõe de apenas uma equação com duas incógnitas (σ_R e α) a solução é obtida por tentativas. Para tanto, a expressão de Van der Veen pode ser reescrita:

$$1 - \frac{\sigma}{\sigma_R} = e^{-\alpha \cdot r}$$
$$\alpha \cdot r = -\ell n\left[1 - \frac{\sigma}{\sigma_R}\right] \tag{4.2a}$$

ou seja, o valor de σ_R que satisfaz à equação de Van der Veen representa uma reta num gráfico semilogarítmico (Figura 4.5). O coeficiente angular dessa reta fornece o valor de α. O processo consiste em se arbitrar vários valores a σ_R, conforme se indica na Figura 4.5 ($\sigma_{R(I)}$, $\sigma_{R(II)}$, e $\sigma_{R(III)}$), e verificar qual desses valores conduza uma reta, num gráfico com abcissas – $\ln(1 - \sigma/\sigma_R)$ e ordenadas r.

A expressão de Van der Veen pode ser generalizada, conforme propôs o Eng. Nelson Aoki, reescrevendo-a:

$$\sigma_i = \sigma_R \cdot \left[1 - e^{-(\alpha \cdot r + b)}\right] \tag{4.2b}$$

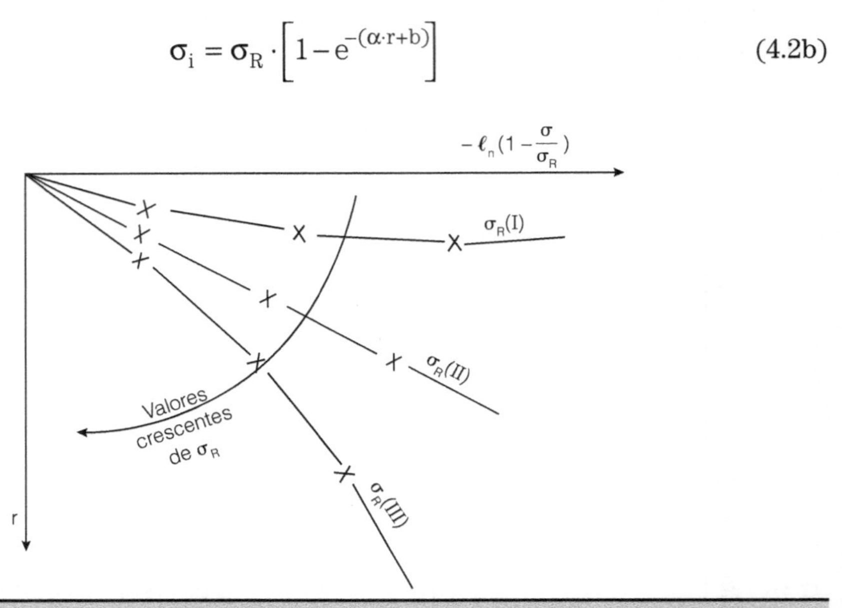

Figura 4.5 – Solução gráfica da equação 4.2a.

Um exemplo de aplicação é apresentado a seguir.

Exemplo 4.1:

Estimar a tensão de ruptura da prova de carga a seguir, utilizando-se a expressão geral de Van der Veen.

Tensão (kPa)	Recalque (mm)
70	0,16
140	0,48
210	0,93
280	1,70
350	2,55
420	3,52
490	4,50
525	5,36

Para o processo gráfico sugerido por Van der Veen, arbitram-se vários valores à tensão de ruptura, σ_R. Em nosso exemplo serão arbitrados os valores σ_R = 550 kPa, σ_R = 600 kPa, σ_R = 700 kPa etc.

Para cada um desses valores arbitrados, e conhecidos os diversos valores de σ da tabela acima, calcula-se o valor $-\ell n\ (1 - \sigma/\sigma_R)$ e elabora-se a tabela a seguir.

σ (kPa)	$-\ell_n[1-\sigma/\sigma_R]$						r (mm)
	σ_R = 550	σ_R = 600	σ_R = 700	σ_R = 800	σ_R = 900	σ_R = 1000	
70	0,136	0,124	0,105	0,092	0,081	0,073	0,16
140	0,294	0,266	0,223	0,192	0,169	0,151	0,48
210	0,481	0,431	0,357	0,304	0,266	0,236	0,93
280	0,711	0,629	0,511	0,431	0,373	0,329	1,70
350	1,011	0,875	0,693	0,575	0,492	0,431	2,55
420	1,442	1,204	0,916	0,744	0,629	0,545	3,52
490	2,215	1,696	1,204	0,948	0,786	0,673	4,50
525	3,091	2,079	1,386	1,068	0,875	0,744	5,36

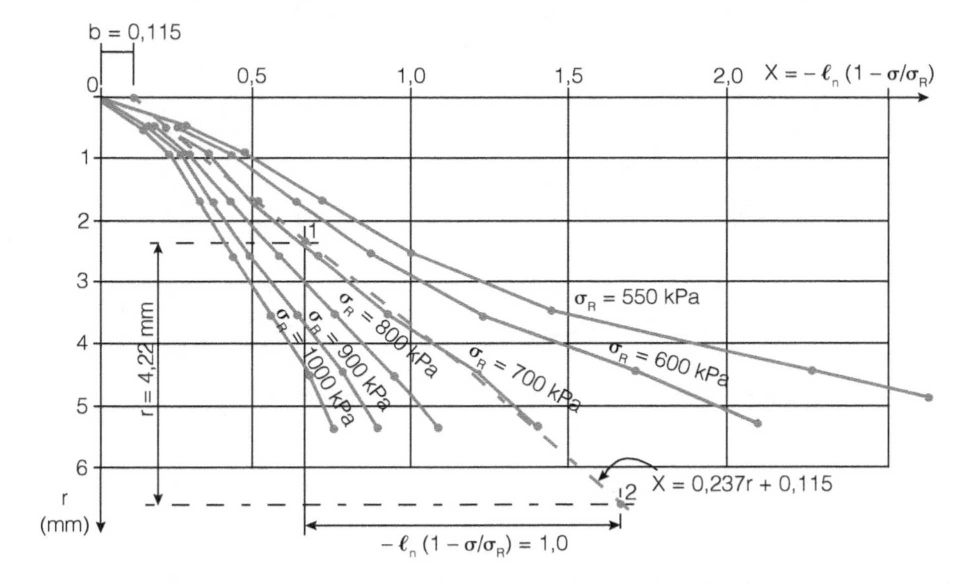

Figura 4.6 – Gráfico de Van der Veen.

A seguir, dispõe-se esses valores em gráfico (Figura 4.6) e verifica-se que o valor de σ_R = 700 kPa representa uma reta e, portanto, este é o valor da tensão de ruptura.

O valor da intersecção dessa reta com o eixo x será o valor de b, e seu coeficiente angular, o valor de α

$$b = 0{,}115$$

$$\alpha = \frac{1}{4{,}22} = 0{,}237\ \text{mm}^{-1}$$

A curva teórica que se ajusta à curva real da prova de carga será:

$$\sigma = 700 \cdot \left[1 - e^{-(0{,}237 \cdot r + 0{,}115)}\right]$$

Com base nessa expressão, pode-se traçar a curva ajustada, arbitrando-se vários valores ao recalque recalculando os correspondentes valores de σ conforme se mostra na tabela a seguir, onde se arbitraram os valores de r = 1; 2; 3 etc. mm. Essa curva ajustada pode ser comparada com os pontos medidos (Figura 4.7).

r (mm)	$e^{-(0,237 \cdot r + 0,115)}$	$\sigma = 700 \cdot (1 - e)^{-(0,237 \cdot r + 0,115)}$
1	0,703	208
2	0,555	311
3	0,438	393
4	0,345	459
5	0,273	509
6	0,134	606
10	0,083	642
15	0,025	683
20	0,008	694
25	0,002	699
30	0,001	699

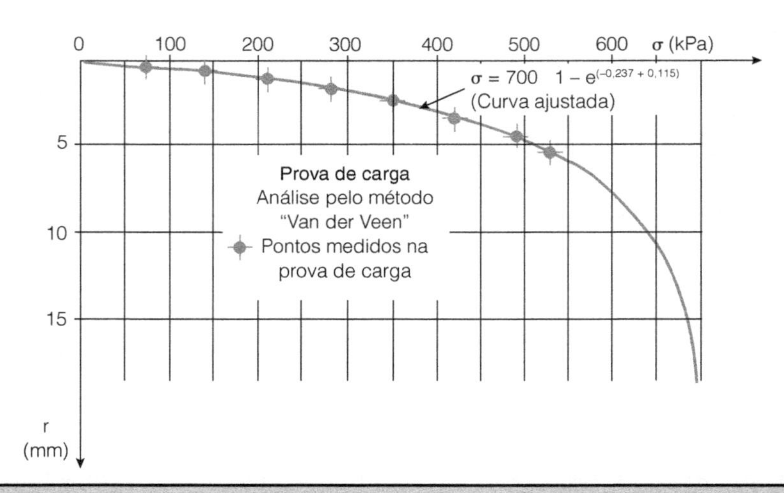

Figura 4.7 – Valores teóricos x valores medidos.

Como o procedimento gráfico para a solução da equação de Van der Veen é demorado, apresenta-se um programa em BASIC para a resolução dessa equação.

Os dados de entrada desse programa são:

- número de pontos da curva tensão x recalque (no exemplo 4.1, N = 8),
- valores da tensão e do recalque para cada ponto da curva tensão x recalque,
- acréscimo da tensão Δσ (o programa adota como primeira tensão de ruptura o valor da última tensão medida na prova de carga acrescida do valor Δσ).

Para as próximas tensões de ruptura, o programa adota a tensão de ruptura anterior acrescida do valor $\Delta\sigma$. Quanto maior for aprecisão desejada, menor deverá ser o valor a fornecer para $\Delta\sigma$.

```
10 REM"METODO VAN DER VEEN"
20 DIM P(15),Z(15),R(50)
30 CLS
40 INPUT "NO. DE PONTOS (<=15):",N
50 PRINT
60 PRINT TAB(5)"PRESSAO";TAB(25)"RECALQUES"
70 FOR I=1 TO N
80 INPUT " ",P(I):LOCATE(3+I),25
90 PRINT " ";:INPUT " ",Z(I)
100 X1=X1+Z(I)
110 X2=X2+Z(I)^2
120 NEXT I
130 CLS
140 INPUT "ACRESCIMO DE PRESSAO DELTA P:",P2
150 P1=P(N)+P2
160 S1=SQR((X2-X1^2/N)/(N-1))
170 GOSUB 400
180 R(1)=(A*S1/S2)^2
190 J=J+1
200 P1=P1+P2
210 GOSUB 400
220 R(J+1)=(A*S1/S2)^2
230 IF R(J+1)=>R(J) THEN 190
240 P1=P1-P2
250 GOSUB 400
260 B=(Y1-A*X1)/N
270 CLS
280 PRINT TAB(13)"RESULTADOS"
290 PRINT TAB(13)"----------"
300 PRINT:PRINT
310 PRINT TAB(5) "A equação de Van der Veen é"
320 PRINT
330 PRINT TAB(5) "                   -(a.zi+b)"
340 PRINT TAB(5) "Pi = PR .(1 -e             )"
350 PRINT:PRINT
360 PRINT "PR = ";:PRINT USING "###.##";P1
370 PRINT "a  = ";:PRINT USING "###.####";A
380 PRINT "b  = ";:PRINT USING "###.####";B
390 END
400 Y1=0:Y2=0:X3=0
410 FOR I=1 TO N
420 Y= -LOG(1-(P(I)/P1))
430 Y1=Y1+Y
440 Y2=Y2+Y^2
450 S2=SQR((Y2-Y1^2/N)/(N-1))
460 X3=X3+Z(I)*Y
470 NEXT I
480 A=(X3-X1*Y1/N)/(X2-X1^2/N)
490 RETURN
```

Para que a prova de carga realizada sobre uma placa possa ser estendida à fundação, é necessário que os bulbos de tensões da placa e da fundação englobem solos com as mesmas características de resistência e de deformabilidade. Por isso, antes de se realizar a prova de carga, deve-se conhecer o perfil geotécnico do solo para evitar interpretações erradas. Assim, se no subsolo existirem camadas compressíveis em profundidades que não sejam solicitadas pela placa (Figura 4.8a), mas que sejam solicitadas pela fundação (Figura 4.8b), a prova de carga não terá valor, a não ser que se aumente o tamanho da placa para englobar, em seu bulbo de tensões, a camada compressível.

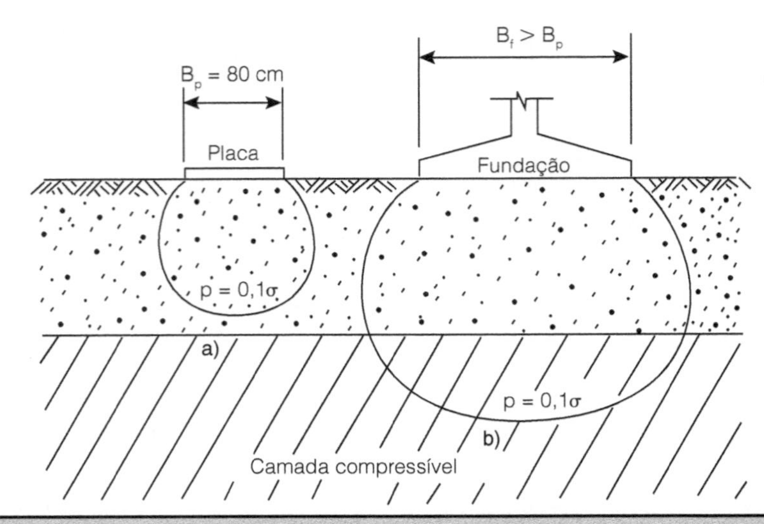

Figura 4.8 – Caso em que o resultado da prova de carga na placa não se aplica à fundação.

Confirmado que os resultados da prova de carga sobre placa podem ser extrapolados para a fundação, torna-se ainda necessário corrigir a curva tensão x recalque, para se levar em conta o efeito da escala entre modelo (placa) e realidade (fundação).

Essa correção pode ser feita, por exemplo, tomando como base o trabalho clássico de Terzaghi (1955), referente ao conceito de coeficiente de reação (proporcionalidade entre tensão e recalque). Assim, se a largura da fundação é n vezes a largura da placa ($B_F = n \cdot B_p$), a profundidade do seu bulbo de tensões também será n vezes maior (Figura 4.9).

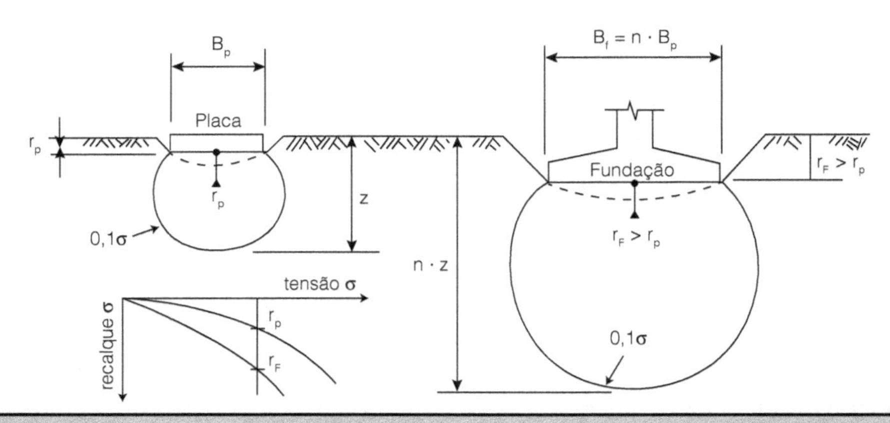

Figura 4.9 – Correlação entre placas de diferentes tamanhos num mesmo solo.

Sob a ação da mesma tensão unitária (carga dividida pela área), a placa sofrerá um recalque médio r_p e a fundação um recalque médio $r_F > r_p$. Testes realizados por

Terzaghi (1955) em areias (onde se pode admitir que o módulo de elasticidade cresce linearmente com a profundidade) forneceram:

$$r_F = r_p \cdot \left(\frac{2 \cdot B_F}{B_F + B_p} \right)^2 \tag{4.3}$$

Se o solo for constituído por argila média a dura (onde se possa admitir que o módulo de elasticidade seja constante com a profundidade), pode-se utilizar as expressões da teoria da elasticidade, como, por exemplo, a apresentada por Timoshenko (1951):

$$r = \frac{m \cdot A}{\sqrt{A}} \cdot \sigma \cdot \frac{1 - \partial^2}{E} \tag{4.4}$$

em que:

A é a área da placa ensaiada;

σ é a tensão aplicada (carga dividida pela área);

m é uma constante conforme Tabela 4.2;

E é o módulo de elasticidade do solo.

Forma da área carregada							
Circular	Quadrangular	Retangular L/B					
		1,5	2	3	5	10	100
0,96	0,95	0,94	0,95	0,88	0,82	0,71	0,37

Com base na expressão (4.4), verifica-se que, quando o solo tem módulo de elasticidade constante, os recalques, para uma mesma tensão, são proporcionais à raiz quadrada das áreas carregadas.

$$r_F = r_p \cdot \sqrt{\frac{A_F}{A_p}} \tag{4.4a}$$

em que A_F corresponde à área da fundação, e A_p, à área da placa. Se a fundação e a placa tiverem a mesma geometria em planta (por exemplo, quadradas ou circulares), as áreas são proporcionais aos lados e, portanto, a expressão (4.4a) poderá ser reescrita.

$$r_F = r_p \cdot \frac{B_F}{B_p} \tag{4.4b}$$

Para melhor entendimento do acima exposto, apresenta-se um exemplo.

Exemplo 4.2:

Calcular os recalques que sofrerão uma fundação com largura de 2,40 m, num solo onde se realizou uma prova de carga em placa, cujo lado é de 0,80 m, e que teve como resultado os seguintes pontos:

Tensão (kPa)	90	180	270	360	450
Recalque (mm)	2	4	7	11	20

Admitir duas hipóteses:

a) o solo é constituído por areia;

b) o solo é constituído por argila rija.

Solução:

a) solo arenoso

$$r_F = r_p \cdot \left[\frac{2 \times B_F}{B_F + B_p} \right]^2$$

$$r_F = r_p \cdot \left[\frac{2 \times 2,4}{2,4 + 0,8} \right]^2 \rightarrow r_F \cong 2,25 \cdot r_p$$

Tensão aplicada	Recalque medido na placa	Recalque correspondente na fundação (B = 2,40 m)
9	2	4,5
180	4	9,0
270	7	15,8
360	11	24,8
450	20	45,0

b) solo de argila rija

$$r_F = r_p \cdot \frac{B_F}{B_p} \rightarrow r_F = r_p \cdot \frac{2,4}{0,8}$$

$$r_F = 3 \cdot r_p$$

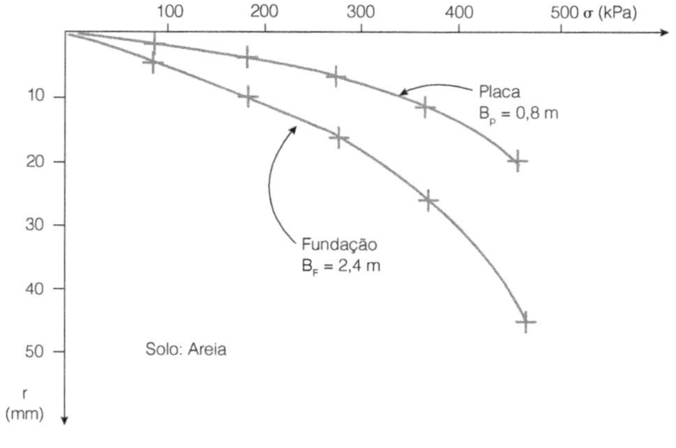

Tensão aplicada	Recalque medido na placa	Recalque correspondente na fundação (B = 2,40 m)
90	2	6,0
180	4	12,0
270	7	21,0
360	11	33,0
450	20	60,0

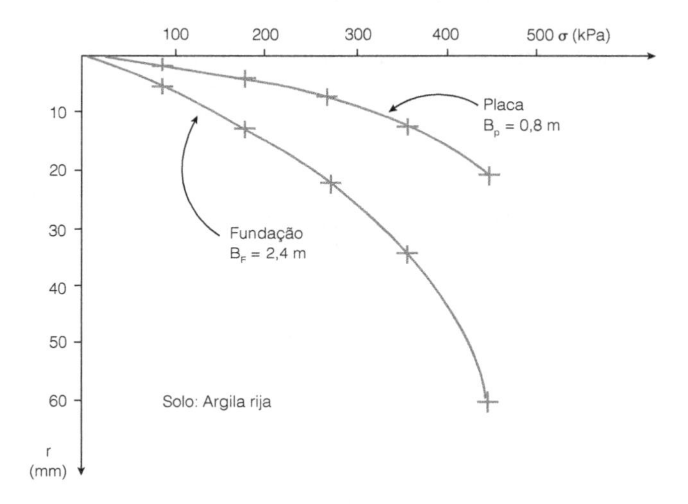

2º método: Fórmulas teóricas

Várias são as fórmulas teóricas para se estimar a tensão de ruptura de uma fundação rasa, em função das características da resistência ao cisalhamento do solo. Entretanto, por sua simplicidade e extrema divulgação, apresenta-se a fórmula proposta por Terzaghi (1943), que, para os solos que apresentam ruptura do tipo geral (areias medianamente compactas a muito compactas e argilas médias a rijas), escreve-se:

$$\sigma_R = c \cdot N_c \cdot S_c + \frac{1}{2} \cdot \gamma \cdot B \cdot N_\gamma + q \cdot N_q \cdot S_q \tag{4.5}$$

em que:

c é a coesão do solo;

γ é o peso específico do solo onde se apoia a fundação;

B é a menor largura da sapata;

q é a tensão efetiva do solo na cota de apoio da fundação;

N_c, N_γ e N_q são fatores de carga (função do ângulo de atrito interno). Seus valores podem ser obtidos na Figura 4.10 (linhas cheias);

S_c, S e S_q são fatores de forma (Tabela 4.2).

Tabela 4.2 Fatores de forma segundo Terzaghi.

Forma da fundação	Fatores de forma		
	Sc	S	Sq
Corrida	1,00	1,00	1,00
Quadrada	1,30	0,80	1,00
Circular	1,30	0,60	1,00
Retangular	1,10	0,90	1,00

Para solos com ruptura local, usa-se a fórmula anterior, adotando os fatores N' (linhas pontilhadas da Figura 4.10) ao invés dos fatores N e 2/3 da coesão real do solo no lugar de c.

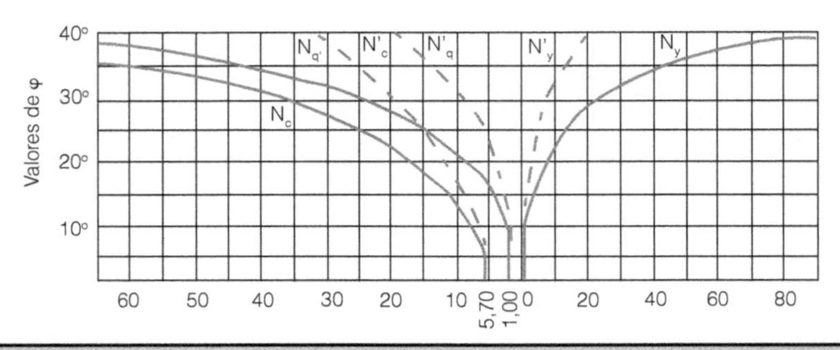

Figura 4.10 – Valores dos coeficientes de carga propostos por Terzaghi.

4.3 CAPACIDADE DE CARGA DE ESTACAS

1° método: Realização de prova de carga

Não há dúvida de que o procedimento com maior aceitação entre os engenheiros para o estabelecimento da capacidade de carga de uma estaca é a realização de uma prova de carga, seguindo as precisões da norma NBR 12131:2006, analogamente ao que já se expôs para a plana (Figura 4.2). Também nesse caso, quando a ruptura não fica bem caracterizada (objetivo que deve sempre ser perseguido), pode-se usar o procedimento recomendado pela norma NBR 6122:2010 (ver Figura 2.2, do Capítulo 2) ou, quando isso não for possível, extrapolar a curva carga x recalque, empregando um dos procedimentos expostos no Capítulo 2.

Como geralmente nas estacas não se testam modelos, pois a prova de carga é feita sobre uma das estacas da própria obra, não há necessidade de corrigir a curva carga x recalque, como se fez no ensaio em placa.

A determinação da carga admissível da estaca deve ser feita de acordo com o item 6.2.1.2.2 da NBR 6122:2010. Se a prova de carga for realizada antes (ou durante) o projeto, o fator de segurança poderá ser reduzido para 1,6 (item

6.2.1.2.2 da NBR 6122:2010). Entretanto, é preciso lembrar que a prova de carga deve ser levada até duas vezes a carga admissível da estaca prevista no projeto (método semiempírico).

2º método: Métodos semiempíricos

Desde 1975, quando surgiu o primeiro método para a estimativa da capacidade de carga de estacas, proposto por Aoki e Velloso, vários autores, seguindo a mesma linha de raciocínio, apresentaram outros métodos, existindo hoje uma experiência bastante razoável entre nós.

Neste capítulo serão expostos os métodos de Aoki e Velloso (1975) e de Décourt e Quaresma (1978), este reapresentado em 1982 e 1987 por Décourt.

Em ambos os métodos, a carga de ruptura PR do solo, que dá suporte a uma estaca isolada, é admitida igual à soma de duas parcelas (Figura 4.11):

PR = PL + PP = carga na ruptura do solo que dá suporte à estaca;

$PL = U \cdot \Delta\ell \cdot r_\ell$ = parcela de carga por atrito lateral ao longo do fuste da estaca;

$PP = A \cdot r_p$ = parcela de carga devida à ponta da estaca;

U = perímetro da seção transversal do fuste da estaca;

A = área da projeção da ponta da estaca (no caso de estacas tipo Franki, assimilar o volume da base alargada a uma esfera e calcular a área da seção transversal desta);

$\Delta\ell$ = trecho onde se admite r_ℓ constante.

A diferença entre os métodos Aoki-Velloso e Décourt-Quaresma está na estimativa dos valores de r_ℓ e de r_p.

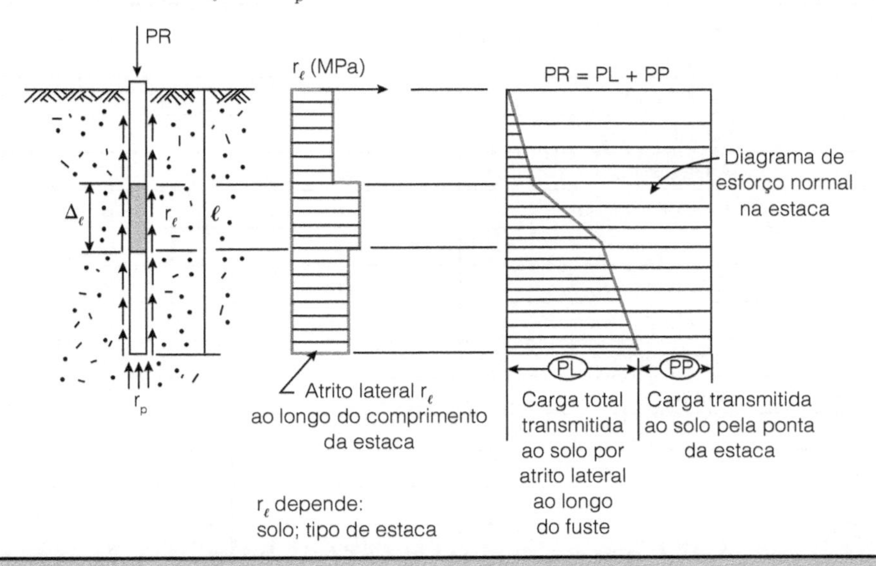

Figura 4.11 – Transferência de carga de uma estaca isolada.

Segundo Aoki e Velloso:

$$r_p = \frac{qc}{F1} \cong \frac{K \cdot N}{F1} \tag{4.6}$$

$$r_\ell = \frac{fs}{F2} \cong \frac{\alpha \cdot K \cdot N}{F2} \tag{4.7}$$

em que:

qc é a resistência de ponta no ensaio CPT (ensaio de penetração de cone);

fs é a resistência lateral medida na luva de Begemann do CPT;

α e K são apresentados na Tabela 4.3, e F1 e F2, na Tabela 4.4;

N é o valor do SPT indicado nas sondagens, à percussão do local onde se instalará a estaca.

Segundo Décourt:

$$r_\ell \left(\text{em kPa}\right) = 10\left(\frac{N}{3} + 1\right) \tag{4.8}$$

não se adotando valores de N inferiores a 3 nem superiores a 15. O valor máximo de N, que no trabalho de 1978 estava limitado a 15, foi majorado por Décourt, em 1982, para 50. Em 1987, o método foi estendido para as estacas escavadas com auxílio de lama bentonítica.

Tabela 4.3 Valores de K e α propostos por Aoki & Velloso (1975)

Tipo de terreno	K(MPa)	(%)
Areia	1,00	1,4
Areia siltosa	0,80	2,0
Areia silto-argilosa	0,70	2,4
Areia argilosa	0,60	3,0
Areia argilo-siltosa	0,50	2,8
Silte	0,40	3,0
Silte arenoso	0,55	2,2
Silte areno-argiloso	0,45	2,8
Silte argiloso	0,23	3,4
Silte argilo-arenoso	0,25	3,0
Argila	0,20	6,0
Argila arenosa	0,35	2,4
Argila areno-siltosa	0,30	2,8
Argila siltosa	0,22	4,0
Argila silto-arenosa	0,33	3,0

Tabela 4.4 Valores de F1 e F2 propostos por Aoki & Velloso (1975)

Tipo de estaca	F1	F2
Franki	2,50	5,00
Pré-moldadas	1,75	3,50
Escavadas	3,00	6,00

$$r_p = C \cdot \bar{N} \quad (4.9)$$

em que: C = 120 kPa para as argilas (100 kPa);

250 kPa para os siltes (120 kPa);

400 kPa para as areias (140 kPa);

$\bar{N}$ = média entre os SPT na profundidade da ponta da estaca, o imediatamente acima e o imediatamente abaixo.

Os valores entre parênteses referem-se às estacas escavadas. Conhecida a carga PR de ruptura, a carga admissível será obtida por:

- método Aoki-Velloso

$$P = \frac{PR}{2} \quad (4.10)$$

- método Décourt-Quaresma

$$P \leq \begin{cases} \dfrac{PR}{2} \\ \dfrac{PL}{1{,}3} + \dfrac{PP}{4} \end{cases} \quad (4.11)$$

Além disso, se a estaca é do tipo escavada ou hélice contínua com a ponta em solo, deve-se garantir o contato eficiente entre a sua ponta e o solo (garantia de ponta). Neste caso, a carga admissível será:

$$P \leq \begin{cases} \dfrac{PR}{2} \\ PL \end{cases} \quad (4.12)$$

Programas em BASIC para os dois métodos expostos são apresentados nas páginas seguintes, a título de curiosidade. Outros métodos podem ser obtidos em Aoki e Alonso (1991).

Notas:

1) A capacidade de carga das estacas sujeitas a carregamentos transversais aplicados no topo, atrito negativo ou ao efeito "Tschebotarioff" deixa de ser

aqui abordada, pois as mesmas já foram estudadas nos Capítulos 5 e 6 do livro do mesmo autor (Alonso, 1988).

2) Embora seja "óbvio", cabe lembrar que os métodos semiempíricos de capacidade de carga só devem ser aplicados aos tipos de estacas e regiões geotécnicas para os quais foram estabelecidos. A aplicação para outras regiões deve ser feita com ressalvas. Por exemplo, os métodos Aoki-Velloso e Décourt-Quaresma não se aplicam aos folhelhos, conforme se mostra em Velloso e Hammes (1982) e Aoki e Alonso (1990).

3º método: Ensaio de carregamento dinâmico

Para comprovação de desempenho, as provas de cargas estáticas à compressão podem ser substituídas por ensaios de carregamento dinâmico (NBR 13208:2007) na proporção de cinco ensaios de carregamento dinâmico para cada prova de carga estática. Entretanto, é obrigatório realizar uma prova de carga estática para correlacionar os resultados dos ensaios de carregamento dinâmico com os da prova de carga estática, já que o ensaio de carregamento dinâmico não é uma prova de carga no sentido amplo da expressão, pois não se mede diretamente o comportamento *carga x deslocamento* (recalque, pois estamos tratando de estaca comprimida). O que se mede, nesse ensaio, é a carga mobilizada que depende da energia aplicada à estaca decorrente dos golpes do pilão e, mesmo assim, usando correlações (módulo de elasticidade dinâmico do material da estaca, velocidade de propagação da onda, comprimento real da estaca). Isso não ocorre com as provas de carga estática, já que nelas as cargas e os deslocamentos (recalques, pois se trata de estaca comprimida) são obtidos por medidas diretas e não a partir de correlações.

```
10 REM "METODO AOKI-VELLOSO"
20 DIM N(99),L(20),S(20),K(99),PL(99),PP(99),ALFA(99)
30 CLS
40 INPUT "NO.DE CAMADAS";C
50 FOR I=1 TO C
60 PRINT
70 PRINT "PROF. DA CAMADA (";I;")";:INPUT L(I)
80 PRINT "SOLO. DA CAMADA (";I;")";:INPUT S(I)
90 FOR G=INT (L(I-1)+1) TO INT (L(I))
100 IF S(I)=100 THEN K(G)=100:ALFA(G)=.014
110 IF S(I)=120 THEN K(G)=80:ALFA(G)=.02
120 IF S(I)=123 THEN K(G)=70:ALFA(G)=.024
130 IF S(I)=130 THEN K(G)=60:ALFA(G)=.03
140 IF S(I)=132 THEN K(G)=50:ALFA(G)=.028
150 IF S(I)=200 THEN K(G)=40:ALFA(G)=.03
160 IF S(I)=210 THEN K(G)=55:ALFA(G)=.022
170 IF S(I)=213 THEN K(G)=45:ALFA(G)=.028
```

```
180 IF S(I)=230 THEN K(G)=23:ALFA(G)=.034
190 IF S(I)=231 THEN K(G)=25:ALFA(G)=.03
200 IF S(I)=300 THEN K(G)=26:ALFA(G)=.06
210 IF S(I)=310 THEN K(G)=35:ALFA(G)=.024
220 IF S(I)=312 THEN K(G)=30:ALFA(G)=.028
230 IF S(I)=320 THEN K(G)=22:ALFA(G)=.04
240 IF S(I)=321 THEN K(G)=33:ALFA(G)=.03
250 NEXT G
260 NEXT I
270 CLS
280 PRINT TAB(15) "SPT S"
290 PRINT TAB(15) "*****"
300 PRINT
310 FOR J=1 TO INT(L(C))
320 PRINT TAB(3) USING "##";J;
330 INPUT N(J)
340 NEXT J
350 CLS
360 PRINT TAB(10) "TIPO DE ESTACA"
370 PRINT TAB(10) "**************"
380 PRINT:PRINT
390 PRINT TAB(3) "(0) PRE-MOLDADA"
400 PRINT TAB(3) "(1) FRANKI"
410 PRINT TAB(3) "(2) ESCAVADA"
420 PRINT TAB(3) "(3) STRAUSS"
430 PRINT:PRINT
440 INPUT "TIPO ";Z
450 IF Z=0 THEN 500
460 IF Z=1 THEN 580
470 IF Z=2 THEN 620
480 IF Z=3 THEN 700
490 IF Z>3 THEN 440
500 PRINT
510 INPUT "SECAO QUADRADA OU CIRCULAR (Q/C) ";FM$
520 IF FM$="C" THEN 550 ELSE 530
530 INPUT "DE O LADO EM cm";LD
540 U=4*LD/100:A=LD^2/10000:F1=1.75:F2=3.5:GOTO 570
550 INPUT "DIAMETRO (cm)";D
560 U=3.1416*D/100:A=3.1416*(D/100)^2/4:F1=1.75:F2=3.5
570 GOTO 720
580 INPUT "DIAMETRO (cm)";D
590 INPUT "VOLUME BASE (l)";V
600 U=3.1416*D/100:A=3.1416*((V/1000)*3/(4*3.1416))^(2/3):F1=2.5:F2=5
610 GOTO 720
620 INPUT "BARRETE/ESTACAO (B/E) ";Z$:IF Z$="B" THEN 660 ELSE 630
630 INPUT "DIAMETRO (cm) ";D:U=3.1416*D/100
640 A=(D^2)*3.1416/4/10000:F1=3:F2=6
650 GOTO 720
660 INPUT "DIMENSOES DO BARRETE EM (cm) (A,B) ";A0,B0
670 U=2*(A0+B0)/100
680 A=A0*B0/10000:F1=3:F2=6
690 GOTO 720
700 INPUT "DIAMETRO (cm) ";D:U=3.1416*D/100
710 A=(D^2)*3.1416/4/10000:F1=3:F2=6
720 CLS
730 INPUT "NIVEL DO TERRENO ";NT
740 INPUT "COTA DE ARRASAMENTO ";CA
750 LO=NT-CA
760 FOR H=INT((LO)+1) TO INT(L(C))
770 D=K(H)*N(H)/F1
780 FB=ALFA(H)*N(H)*K(H)/F2
790 PL(H)=PL(H-1)+FB*U
800 PP(H)=A*D
810 NEXT H
820 CLS
830 PRINT "PROF." TAB(8) "N" TAB(15) "PL" TAB(25) "PP" TAB(35) "PR"
840 PRINT " (m) " TAB(14) "(kN)" TAB(24) "(kN)" TAB(34) "(kN)":PRINT
850 FOR H=INT((LO)+1) TO INT(L(C))
860 PRINT USING "##";H;:PRINT TAB(7) USING"##";N(H);:PRINT TAB(12) USING"#####";
PL(H)*10;:PRINT TAB(22) USING "#####";PP(H)*10;:PRINT TAB(32) USING"#####";(PP(H
)+PL(H))*10
870 NEXT H
880 PRINT: INPUT "QUER IMPRESSAO EM PAPEL (S/N)";I$
```

```
890 IF I$="S" THEN 950
900 INPUT "TEM MAIS ESTACAS (S/N)";I$
910 IF I$="S" OR "S" THEN 350 ELSE 920
920 INPUT "TEM NOVA SONDAGEM (S/N)";I$
930 IF I$="S" OR "S" THEN 30 ELSE 940
940 END
950 REM "ROTINA DE IMPRESSAO"
960 LPRINT CHR$(27);"@";
970 LPRINT CHR$(27);"N";CHR$(4);
980 LPRINT CHR$(14);
990 LPRINT TAB(10) "METODO AOKI-VELLOSO"
1000 LPRINT:LPRINT:LPRINT:LPRINT
1010 LPRINT CHR$(20);
1020 LPRINT TAB(11) "COTA DO TERRENO:" USING "###.##";NT
1030 LPRINT TAB(11) "COTA DE ARRASA.:" USING "###.##";CA
1040 IF Z=0 THEN 1210
1050 IF Z=1 THEN E$="FRANKI":GOTO 1160
1060 IF Z=2 THEN 1080
1070 IF Z=3 THEN 1120 ELSE 1040
1080 IF Z$="B" THEN 1090 ELSE 1100
1090 E$="BARRETE":GOTO 1130
1100 IF Z$="E" THEN 1110 ELSE 1160
1110 E$="ESTACAO":GOTO 1160
1120 E$="STRAUSS":GOTO 1160
1130 LPRINT TAB(11) "TIPO DE ESTACA :";E$;
1140 LPRINT A0;"x";B0;" cm"
1150 GOTO 1270
1160 LPRINT TAB(11) "TIPO DE ESTACA :";E$;
1170 LPRINT " D = ";D;" cm"
1180 IF E$="FRANKI" THEN 1190 ELSE 1200
1190 LPRINT TAB(34) " VOL.BASE=";V;"L"
1200 GOTO 1270
1210 IF PM$="Q" THEN 1220 ELSE 1250
1220 E$="PRE-MOLDADA"
1230 LPRINT TAB(11) "TIPO DE ESTACA :";E$;
1240 LPRINT LD;" x ";LD;" cm": GOTO 1270
1250 E$="PRE-MOLDADA":LPRINT TAB(11) "TIPO DE ESTACA : ";E$;
1260 LPRINT " D ";D;" cm"
1270 LPRINT:LPRINT:LPRINT
1280 LPRINT CHR$(14);
1290 LPRINT TAB(11) "PERFIL GEOTECNICO"
1300 LPRINT:LPRINT
1310 FOR I=1 TO C
1320 IF S(I)=100 THEN SOLO$="AREIA"
1330 IF S(I)=120 THEN SOLO$="AREIA SILTOSA"
1340 IF S(I)=123 THEN SOLO$="AREIA SILTO ARGILOSA"
1350 IF S(I)=130 THEN SOLO$="AREIA ARGILOSA"
1360 IF S(I)=132 THEN SOLO$="AREIA ARGILO SITOSA"
1370 IF S(I)=200 THEN SOLO$="SILTE"
1380 IF S(I)=210 THEN SOLO$="SILTE ARENOSO"
1390 IF S(I)=213 THEN SOLO$="SILTE AREND ARGILOSO"
1400 IF S(I)=230 THEN SOLO$="SILTE ARGILOSO"
1410 IF S(I)=231 THEN SOLO$="SILTE ARGILO ARENOSO"
1420 IF S(I)=300 THEN SOLO$="ARGILA"
1430 IF S(I)=310 THEN SOLO$="ARGILA ARENOSA"
1440 IF S(I)=312 THEN SOLO$="ARGILA ARENO SILTOSA"
1450 IF S(I)=320 THEN SOLO$="ARGILA SILTOSA"
1460 IF S(I)=321 THEN SOLO$="ARGILA SILTO ARENOSA"
1470 LPRINT TAB(15) USING "##.##";L(I-1);:LPRINT TAB(21) "a";:
1480 LPRINT TAB(23) USING "##.##";L(I);:
1490 LPRINT TAB(30) SOLO$
1500 NEXT I
1510 LPRINT:LPRINT:LPRINT
1520 LPRINT CHR$(14);
1530 LPRINT TAB(10) "RESULTADOS (kN)"
1540 LPRINT:LPRINT
1550 LPRINT TAB(5) "PROF." TAB(13) "N" TAB(20) "PL" TAB(30) "PP" TAB(40) "PR"
1560 LPRINT TAB(5) " (m) " TAB(19) "(kN)" TAB(29) "(kN)" TAB(39) "(kN)":LPRINT
1570 FOR H=INT((L0)+1) TO INT(L(C))
1580 LPRINT TAB(5) USING "##";H;
1590 LPRINT TAB(11) USING "##";N(H);
```

```
1600 LPRINT TAB(17) USING "#####";PL(H)*10;
1610 LPRINT TAB(27) USING "#####";PP(H)*10;
1620 LPRINT TAB(37) USING "#####";(PL(H)+PP(H))*10;
1630 NEXT H: LPRINT CHR$(12);: GOTO 900
```

```
10 REM "METODO DECOURT-QUARESMA
20 DIM N(99),L(20),S(20),K(99),PL(99),PP(99)
30 CLS
40 INPUT "NO.DE CAMADAS";C
50 FOR I=1 TO C
60 PRINT
70 PRINT "PROF. DA CAMADA (";I;")";:INPUT L(I)
80 PRINT "SOLO. DA CAMADA (";I;")";:INPUT S(I)
90 FOR G=INT (L(I-1)+1) TO INT (L(I))
100 IF S(I)=100 OR S(I)=120 OR S(I)=123 OR S(I)=130 OR S(I)=132 THEN K(G)=40
110 IF S(I)=200 OR S(I)=230 OR S(I)=231 THEN K(G)=20
120 IF S(I)=210 OR S(I)=213 THEN K(G)=25
130 IF S(I)=300 OR S(I)=310 OR S(I)=312 OR S(I)=320 OR S(I)=321 OR S(I)=111 THEN
 K(G)=12
140 NEXT G
150 NEXT I
160 PRINT
170 CLS
180 PRINT TAB(15) "SPT'S"
190 PRINT TAB(15) "====="
200 PRINT
210 FOR J=1 TO INT(L(C))
220 PRINT TAB(3) USING "##";J;
230 INPUT N(J)
240 NEXT J
250 CLS
260 PRINT TAB(10) "TIPO DE ESTACA"
270 PRINT TAB(10) "=============="
280 PRINT:PRINT
290 PRINT TAB(3) "(0) PRE-MOLDADA"
300 PRINT TAB(3) "(1) FRANKI"
310 PRINT TAB(3) "(2) ESCAVADA"
320 PRINT TAB(3) "(3) STRAUSS"
330 PRINT:PRINT
340 INPUT "TIPO ";Z
350 IF Z=0 THEN 400
360 IF Z=1 THEN 480
370 IF Z=2 THEN 520
380 IF Z=3 THEN 600
390 IF Z>3 THEN 340
400 PRINT
410 INPUT "SECAO QUADRADA OU CIRCULAR (Q/C) ";PM$
420 IF PM$="C" THEN 450 ELSE 430
430 PRINT:PRINT
440 U=4*LD/100:A=LD^2/10000:GOTO 470
450 INPUT "DIAMETRO (cm)";D
460 U=3.1416*D/100:A=3.1416*(D/100)^2/4
470 CLS:GOTO 630
480 INPUT "DIAMETRO (cm)";D
490 INPUT "VOLUME BASE (l)";V
500 U=3.1416*D/100:A=3.1416*((V/1000)*3/(4*3.1416))^(2/3)
510 CLS:GOTO 630
520 INPUT "BARRETE-ESTACAO (B/E) ";Z$:IF Z$="B" THEN 560 ELSE 530
530 INPUT "DIAMETRO (cm) ";D:U=3.1416*D/100
540 A=(D^2)*3.1416/4/10000
550 CLS:GOTO 630
560 INPUT "DIMENSOES DO BARRETE EM (cm) (A,B) ";A0,B0
570 U=2*(A0+B0)/100
580 A=A0*B0/10000
590 GOTO 630
600 INPUT "DIAMETRO (cm) ";D:U=3.1416*D/100
610 A=(D^2)*3.1416/4/10000
620 CLS
630 INPUT "NIVEL DO TERRENO ";NT
```

```
640 INPUT "COTA DE ARRASAMENTO ";CA
650 LO=NT-CA
660 FOR H=INT((LO)+1) TO INT(L(C))
670 IF N(H-1)=0 THEN N(H-1)=N(H)
680 IF N(H+1)=0 THEN N(H+1)=N(H)
690 O=(N(H-1)+N(H)+N(H+1))/3
700 FS=(N(H)/3)+1
710 IF FS<3 THEN FS=3
720 IF Z=3 THEN 730 ELSE 750
730 IF FS>18 THEN 740 ELSE 760
740 FS=18:GOTO 760
750 IF FS>18 THEN FS=18
760 PL(H)=PL(H-1)+FS*U
770 FP(H)=A*K(H)*O
780 NEXT H
790 CLS
800 PRINT "PROF." TAB(8) "N" TAB(15) "PL" TAB(25) "PP" TAB(35) "PR"
810 PRINT " (m) " TAB(14) "(kN)" TAB(24) "(kN)" TAB(34) "(kN)":PRINT
820 FOR H=INT(L(0)+1) TO INT(L(C))
830 PRINT USING "##";H;:PRINT TAB(7) USING"##";N(H);:PRINT TAB(12) USING"#####";
PL(H)*10;:PRINT TAB(22) USING "#####";FP(H)*10;:PRINT TAB(32) USING"#####";(FP(H
)+PL(H))*10
840 NEXT H
850 PRINT: INPUT "QUER IMPRESSAO EM PAPEL (S/N)";I$
860 IF I$="S" OR "S" THEN 920
870 INPUT "TEM MAIS ESTACAS (S/N)";I$
880 IF I$="S" OR "S" THEN 350 ELSE 890
890 INPUT "TEM NOVA SONDAGEM (S/N)";I$
900 IF I$="S" OR "S" THEN 30 ELSE 910
910 END
920 REM "ROTINA DE IMPRESSAO
930 LPRINT CHR$(27);"@";
940 LPRINT CHR$(27);"N";CHR$(4);
950 LPRINT CHR$(14);
960 LPRINT TAB(12) "METODO DECOURT"
970 LPRINT:LPRINT:LPRINT:LPRINT
980 LPRINT CHR$(20);
990 LPRINT TAB(11) "COTA DO TERRENO:" USING "###.##";NT
1000 LPRINT TAB(11) "COTA DE ARRASA.:" USING "###.##";CA
1010 IF Z=0 THEN 1180
1020 IF Z=1 THEN E$="FRANKI":GOTO 1130
1030 IF Z=2 THEN 1050
1040 IF Z=3 THEN 1090 ELSE 1010
1050 IF Z$="B" THEN 1060 ELSE 1070
1060 E$="BARRETE":GOTO 1100
1070 IF Z$="E" THEN 1080 ELSE 1130
1080 E$="ESTACAO":GOTO 1130
1090 E$="STRAUSS":GOTO 1130
1100 LPRINT TAB(11) "TIPO DE ESTACA :";E$;:
1110 LPRINT A0;"x";B0;" cm"
1120 GOTO 1240
1130 LPRINT TAB(11) "TIPO DE ESTACA :";E$;:
1140 LPRINT " D = ";D;" cm"
1150 IF E$="FRANKI" THEN 1160 ELSE 1170
1160 LPRINT TAB(34) " VOL.BASE=";V;"L"
1170 GOTO 1240
1180 IF PM$="Q" THEN 1190 ELSE 1220
1190 E$="PRE-MOLDADA"
1200 LPRINT TAB(11) "TIPO DE ESTACA :";E$;:
1210 LPRINT LD;" x ";LD;" cm": GOTO 1240
1220 E$="PRE-MOLDADA":LPRINT TAB(11) "TIPO DE ESTACA : ";E$;
1230 LPRINT " D ";D;" cm"
1240 LPRINT:LPRINT:LPRINT
1250 LPRINT CHR$(14);
1260 LPRINT TAB(11) "PERFIL GEOTECNICO"
1270 LPRINT:LPRINT
1280 FOR I=1 TO C
1290 IF S(I)=100 THEN SOLO$="AREIA"
1300 IF S(I)=120 THEN SOLO$="AREIA SILTOSA"
1310 IF S(I)=123 THEN SOLO$="AREIA SILTO ARGILOSA"
1320 IF S(I)=130 THEN SOLO$="AREIA ARGILOSA"
```

```
1330 IF S(I)=132 THEN SOLO$="AREIA ARGILO SITOSA"
1340 IF S(I)=200 THEN SOLO$="SILTE"
1350 IF S(I)=210 THEN SOLO$="SILTE ARENOSO"
1360 IF S(I)=213 THEN SOLO$="SILTE ARENO ARGILOSO"
1370 IF S(I)=230 THEN SOLO$="SILTE ARGILOSO"
1380 IF S(I)=231 THEN SOLO$="SILTE ARGILO ARENOSO"
1390 IF S(I)=300 THEN SOLO$="ARGILA'
1400 IF S(I)=310 THEN SOLO$="ARGILA ARENOSA"
1410 IF S(I)=312 THEN SOLO$="ARGILA ARENO SILTOSA"
1420 IF S(I)=320 THEN SOLO$="ARGILA SILTOSA"
1430 IF S(I)=321 THEN SOLO$="ARGILA SILTO ARENOSA"
1440 LPRINT TAB(15) USING "##.##";L(I-1);:LPRINT TAB(21) "a";:
1450 LPRINT TAB(23) USING "##.##";L(I);:
1460 LPRINT TAB(30) SOLO$
1470 NEXT I
1480 LPRINT:LPRINT:LPRINT
1490 LPRINT CHR$(14);
1500 LPRINT TAB(10) "RESULTADOS (kN)"
1510 LPRINT:LPRINT
1520 LPRINT TAB(5) "PROF." TAB(13) "N" TAB(20) "PL" TAB(30) "PP" TAB(40) "PR"
1530 LPRINT TAB(5) " (m) " TAB(19) "(kN)" TAB(29) "(kN)" TAB(39) "(kN)":LPRINT
1540 FOR H=INT((LO)+1) TO INT(L(C))
1550 LPRINT TAB(5) USING "##";H;
1560 LPRINT TAB(11) USING "##";N(H);
1570 LPRINT TAB(17) USING "#####";PL(H)*10;
1580 LPRINT TAB(27) USING "#####";PP(H)*10;
1590 LPRINT TAB(37) USING "#####";(PL(H)+PP(H))*10;
1600 NEXT H: LPRINT CHR$(12);: GOTO 870
```

Exemplo 4.3:

Dado o perfil geotécnico a seguir, pede-se calcular o diagrama de transferência de carga de uma estaca pré-moldada, com 50 cm de diâmetro, utilizando-se os métodos Aoki-Velloso e Décourt-Quaresma.

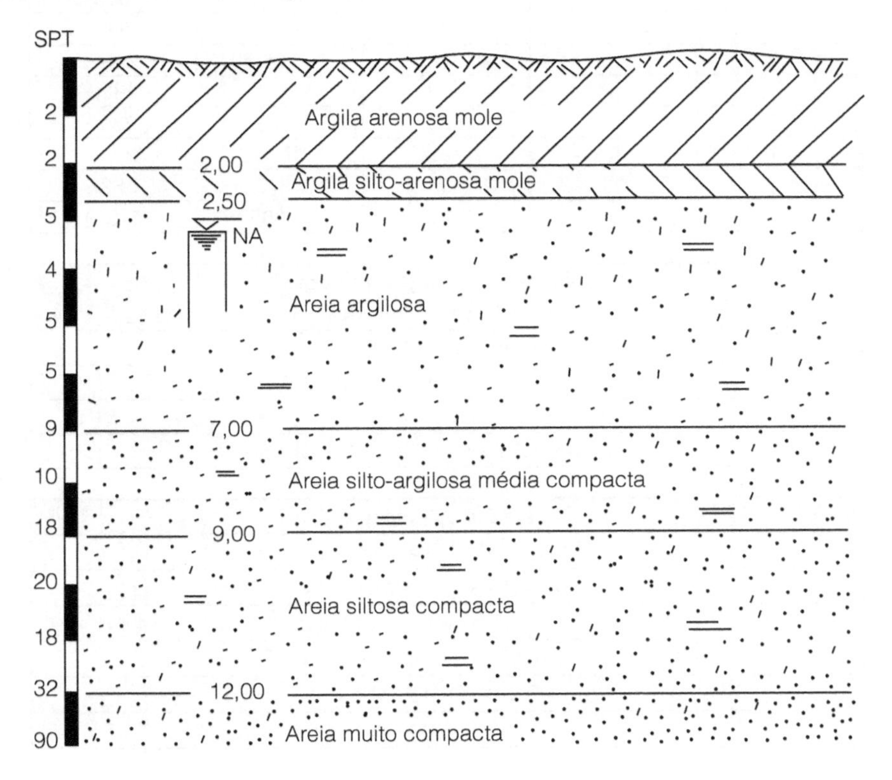

Capacidade de carga de estacas Método Aoki-Velloso
Nível do terreno: 100,00
Cota de arrasamento: 100,00
Sondagem:
Tipo de estaca: pré-moldada D = 50 cm

Perfil geotécnico
0,00 a 2,00 Argila arenosa
2,00 a 2,50 Argila silto-arenosa
2,50 a 7,00 Areia argilosa
7,00 a 9,00 Areia silto-argilosa
9,00 a 12,00 Areia siltosa
12,00 a 13,00 Areia

Resultados				
PROF. (m)	**N**	**PL (kN)**	**PP (kN)**	**PR (kN)**
1	2	8	79	86
2	2	15	79	94
3	5	55	337	392
4	4	88	269	357
5	4	128	337	465
6	4	169	337	505
7	9	241	606	847
8	10	317	785	1102
9	18	452	1414	1866
10	20	596	1795	2391
11	18	725	1616	2341
12	32	955	2872	3827
13	90	1521	10098	11619

Capacidade de carga de estacas Método Décourt-Quaresma
Nível do terreno: 100,00
Cota de arrasamento: 100,00
Sondagem:
Tipo de estaca: pré-moldada D = 50 cm

Perfil Geotécnico
0,00 a 2,00 Argila arenosa
2,00 a 2,50 Argila silto-arenosa
2,50 a 7,00 Areia argilosa
7,00 a 9,00 Areia silto-argilosa
9,00 a 12,00 Areia siltosa
12,00 a 13,00 Areia

Resultados				
PROF. (m)	N	PL (kN)	PP (kN)	PR (kN)
1	2	31	47	79
2	2	63	71	134
3	5	105	288	393
4	4	141	367	508
5	5	183	367	550
6	5	225	497	723
7	9	288	628	916
8	10	356	969	1325
9	18	466	1257	1723
10	20	586	1466	2053
11	18	696	1833	2529
12	32	880	3665	4545
13	90	1147	5550	6697

4.4 REFERÊNCIAS

ABNT – NBR 6122:2010 – Projeto e execução de fundações.

NBR 6484:2001 – Solo – Sondagens de simples reconhecimentos com SPT – Método de ensaio.

NBR 12131:2006 – Estacas – Prova de carga estática – Método de ensaio.

NBR 13208:2007 – Estacas – Ensaio de carregamento dinâmico.

ALONSO, U. R. (1980) "Correlações entre Resultados de Ensaios de Penetração Estática e Dinâmica para a Cidade de São Paulo" – *Revista Solos e Rochas*, dez.

ALONSO, U. R. (1983) "Exercícios de Fundações" – Editora Blucher.

ALONSO, U. R. (1983) "Estimativa de Transferência de Carga de Estacas a partir do SPT" – *Revista Solos e Rochas*, vol. 6, n. 1.

ALONSO, U. R. (1988) "Dimensionamento de Fundações Profundas", Blucher.

AOKI, N. e VELLOSO, D. A. (1975) "An Approximate Method to Estimate the Bearing Capacity of Piles" – Procedings of V PCSMFE – Buenos Aires.

AOKI, N. (1979) "Considerações sobre Projeto e Execução de Fundações Profundas" – Seminário de Fundações, Sociedade Mineira de Engenheiros, Belo Horizonte.

AOKI, N. (1982) "Considerações sobre o Comportamento de Grupo de Estacas" – Simpósio sobre o Comportamento de Fundações, PUC-RJ.

AOKI, N. (1982) "Prática de Fundações no Brasil" – Relato do VII COBRAMSEF, Olinda.

AOKI, N. (1985) "Critérios de Projeto de Estacas Escavadas" – SEFE – SP.

AOKI, N. (1985) "Considerações sobre o Desempenho de Alguns Tipos de Fundações Profundas sob a Ação de Cargas Verticais" – Simpósio Teoria e Prática de Fundações – Porto Alegre.

AOKI, N. e ALONSO U. R. (1990) "Estacas Escavadas com Fuste Pré-fabricado Instaladas em Folhelho" – 6° CBGE/IX COBRAMSEF – Salvador.

AOKI, N. e ALONSO, U. R. (1991) "Previsão e Verificação da Carga Admissível de Estacas" – Workshop realizado pela ABMS em 30 e 31/07/91.

BARATA, F. E. (1984) "Propriedades Mecânicas dos Solos – Uma Introdução ao Projeto de Fundações" – Livros Técnicos e Científicos Editora S. A.

DÉCOURT, L. e QUARESMA, A. R. (1978) "Capacidade de Carga de Estacas a partir dos Valores de SPT" – VI COBRAMSEF – Rio de Janeiro.

DÉCOURT, L. (1982) "Prediction of Bearing Capacity of Piles Based Exclusively on Values of SPT" – 2nd European Symposium on Penetration Testing – Amsterdam.

DÉCOURT, L. (1987) "Bearing Capacity of Bored Piles under Bentonite" – VIII PCS-MFE – Cartagena.

TERZAGHI, K. (1943) "Theorethical Soil Mechanics" – John Wiley and Sons, New York.

TERZAGHI, K. e PECK, R. B. (1948) "Soil Mechanics in Engineering Pratice" – John Wiley and Sons, New York.

TERZAGHI, K. (1955) "Evaluation of Coeficients of Subgrade Reation" – *Geotechnique*, vol. 5, n. 4.

TIMOSHENKO, S. e GOODIER, J. N. (1951) "Theory of Elasticity" – McGraw-Hill Company – Tokyo.

VELLOSO, D. A. (–) "Fundações em Estacas" – publicação técnica da firma Estacas Franki Ltda.

VELLOSO, D. A. (1973) "Fundações Profundas" – IME.

VELLOSO, P. P. (1981) "Dados para a Estimativa do Comprimento de Estacas em Solo" – Ciclo de Palestras sobre Estacas Escavadas – Clube de Engenharia, RJ.

VELLOSO, P. P. e HAMMES, M. (1982) "Estudo da Cravação de Estacas Metálicas em Folhelho da Formação de Ilhas, na Bahia" – VII COBRAMSEF – Olinda/Recife.

5 PREVISÃO DE RECALQUES

5.1 INTRODUÇÃO

Todos os corpos sofrem mudança de sua forma quando a eles se aplicam cargas, de tal sorte que as peças só conseguem resistir às ações quando se deformam. A deformação corresponde à variação da distância entre dois pontos quaisquer da peça; não deve ser confundida com deslocamento que corresponde à mudança da posição dos pontos do corpo em relação a um sistema fixo de referência. O deslocamento é, portanto, uma grandeza vetorial caracterizada por uma direção, um sentido e uma intensidade.

Denomina-se **recalque** de uma fundação a componente vertical descendente do vetor deslocamento correspondente (Figura 5.1b). Outros conceitos relativos a ações e deformações dos corpos são a **ductilidade** e a **fragilidade**. Quando, sob a ação de cargas, ocorrem grandes deformações do corpo antes do mesmo se romper, diz-se que o mesmo é **dúctil**. Caso contrário, diz-se que é **frágil** ou **friável**. A ductilidade e a fragilidade podem depender do tipo de solicitação. Por exemplo, o concreto é um material dúctil para os esforços de compressão, e frágil para os esforços de tração. Já o aço doce é dúctil tanto para os esforços de compressão como de tração.

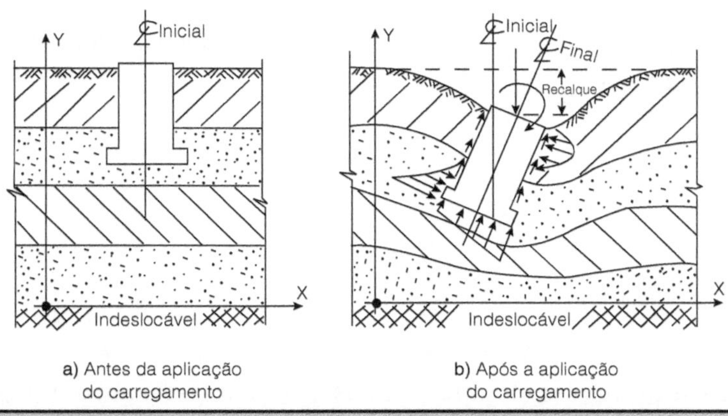

a) Antes da aplicação do carregamento

b) Após a aplicação do carregamento

Figura 5.1 – Deslocamento de uma fundação.

5.2 MÓDULO DE ELASTICIDADE E MÓDULO OEDOMÉTRICO

Seja um corpo de prova cilíndrico (diâmetro d e altura h), submetido à compressão simples σ_1. A Figura 5.2a mostra o corpo de provas em tensão confinante ($\sigma_3 = 0$), permitindo, portanto, expansão lateral do mesmo sem qualquer restrição. Ao contrário, na Figura 5.2b mostra-se o corpo de prova com restrições à expansão lateral ($\sigma_3 > 0$).

Sob a ação da tensão σ_1, o corpo de prova n. 1 sofre uma diminuição de comprimento Δh e uma expansão lateral Δd. Para esse caso particular, definem-se deformações específicas vertical (ε1) e lateral (ε2), respectivamente, pelas expressões:

$$\varepsilon_1 = \frac{\Delta h}{h} \text{ (no sentido da tensão } \sigma_1\text{)} \tag{5.1}$$

$$\varepsilon_2 = \frac{\Delta d}{d} \text{ (perpendicular a } \sigma_1\text{)} \tag{5.2}$$

Para a convenção de sinais adotou-se (+) se o corpo de prova sofre diminuição e (–) se sofre expansão.

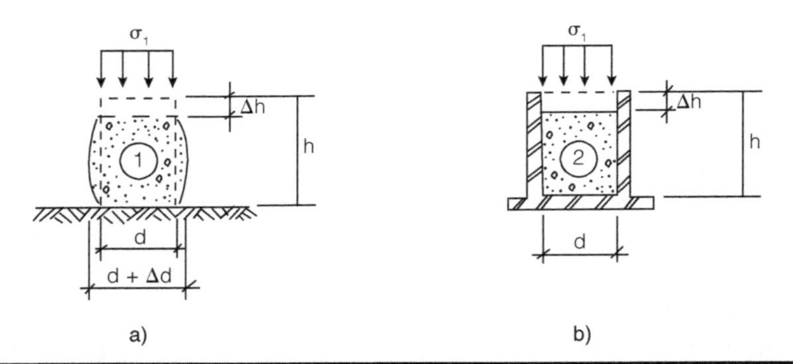

Figura 5.2 – Ensaios de compressão simples.

O módulo de elasticidade e o coeficiente do Poisson são definidos, respectivamente, pelas expressões:

$$E = \frac{\sigma_1}{\varepsilon_1} \tag{5.3}$$

$$\partial = \frac{\varepsilon_z}{\varepsilon_1} = \frac{\varepsilon_2 \cdot E}{\sigma_1} \tag{5.4}$$

As expressões acima são válidas para o caso particular de corpos de prova sujeitos à compressão simples (Figura 5.2a), isto é, quando não há restrições à expansão nos planos perpendiculares àquele onde se aplica a tensão de compressão σ_1.

Para o caso geral, onde essa restrição existe (estado triplo de tensões), a expressão genérica do módulo de elasticidade é obtida superpondo-se os efeitos, conforme se indica na Figura 5.3.

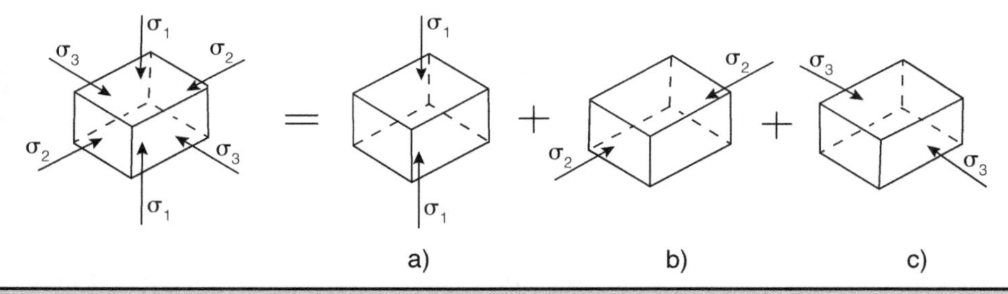

Figura 5.3 – Estado triplo de tensões.

Na Figura 5.3a só atua a tensão σ_1, e, portanto, nessa direção ocorrerá uma deformação específica ε_1, cujo valor será, de acordo com a expressão 5.3:

$$\varepsilon_1 = \frac{\sigma_1}{E} \quad (5.3a)$$

Ainda sob a ação de σ_1, ocorrerão, nas outras duas direções, deformações específicas, que, de acordo com a expressão 5.4, terão valores:

$$\varepsilon_2 = -\frac{\partial}{E}\,\sigma_1 \quad (5.4a)$$

$$\varepsilon_3 = -\frac{\partial}{E}\,\sigma_1 \quad (5.4b)$$

Repetindo-se o raciocínio para a Figura 5.3b, em que só atua σ_2, tem-se:

$$\varepsilon_2 = \frac{\sigma_2}{E} \quad (5.3b)$$

$$\varepsilon_1 = -\frac{\sigma}{E}\,\sigma_2 \quad (5.4c)$$

$$\varepsilon_3 = -\frac{\partial}{E}\,\sigma_2 \quad (5.4d)$$

Analogamente, quando só atua σ_3 (Figura 5.3c), tem-se:

$$\varepsilon_3 = \frac{\sigma_3}{E} \quad (5.3c)$$

$$\varepsilon_1 = -\frac{\sigma}{E}\,\sigma_3 \quad (5.4e)$$

$$\varepsilon_2 = -\frac{\partial}{E}\sigma_3 \tag{5.4f}$$

Ao atuarem simultaneamente $\sigma_1 + \sigma_2 + \sigma_3$, tem-se:

$$\varepsilon_1 = \frac{\sigma_1}{E} - \frac{\partial}{E}(\sigma_2 + \sigma_3) \tag{5.5}$$

$$\varepsilon_2 = \frac{\sigma_2}{E} - \frac{\partial}{E}(\sigma_1 + \sigma_3) \tag{5.6}$$

$$\varepsilon_3 = \frac{\sigma_1}{E} - \frac{\partial}{E}(\sigma_1 + \sigma_2) \tag{5.7}$$

Se o corpo de prova for cilíndrico e ao mesmo for aplicada uma tensão confinante σ_3 (Figura 5.4), tem-se um caso particular do estado triplo de tensões, em que $\sigma_2 = \sigma_2$. Para esse caso, o módulo de elasticidade é obtido a partir da equação 5.5.

$$E = \frac{\sigma_1 - 2\,\partial\sigma_3}{\varepsilon_1} \tag{5.5a}$$

A equação 5.5a é a expressão geral do módulo de elasticidade correspondente a um corpo de prova submetido a uma tensão confinante constante σ_3, e a equação 5.3 é um caso particular, quando essa tensão confinante é nula.

Quanto ao valor de ∂, sabe-se, da teoria da elasticidade, que seu valor se situa entre 0 e 0,5. Quando $\partial = 0,5$, o material ensaiado não sofre variação do volume, mudando apenas de forma. A redução de volume decorrente da diminuição da altura é "compensada" pelo "embarrigamento" que o corpo de prova sofre (Figura 5.2a). No caso de $\partial = 0$, haverá variação de volume decorrente da diminuição da altura, pois não se permite expansão lateral ($\varepsilon 2 = 0$). É o caso indicado na Figura 5.2b.

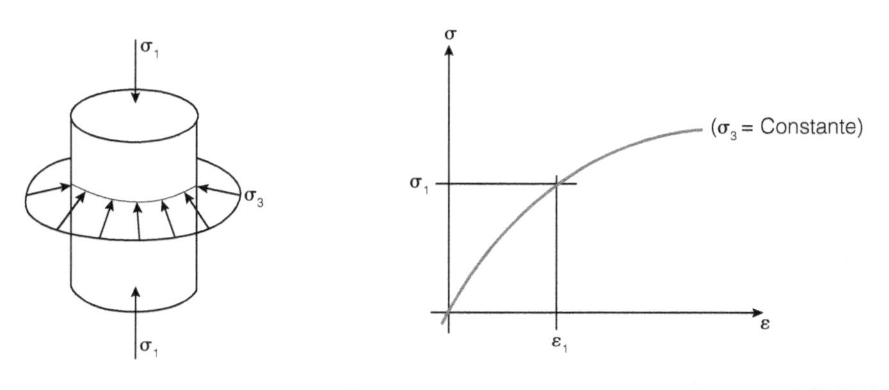

Figura 5.4 – Ensaio triaxial (σ_3 = constante).

Nos solos, o valor de ∂ depende de vários fatores, entre eles a compacidade das areias e a consistência das argilas, grau de saturação, níveis de tensões etc. Porém, sua influência nas grandezas dos recalques não é muito significativa, podendo se trabalhar com valores da ordem de grandeza da média de seus extremos.

Para o caso particular de $\partial = 0$, ou seja, quando não se permite expansão lateral (Figura 5.2b), o módulo obtido pelas expressões 5.3 ou 5.5a passa a ser denominado **módulo oedométrico** (E_{od}). Este módulo também é chamado de **módulo de adensamento** (E_{ad}), pois a Figura 5.2b esquematiza um ensaio de adensamento quando se permite a saída da água do corpo de prova.

$$E_{ad} = \frac{\sigma_1}{\varepsilon_1} \; (\text{com } \partial = 0) \tag{5.5b}$$

Entre E_{ad} e o coeficiente de variação de volume m_v da teoria de adensamento de Terzaghi, existe a correlação:

$$E_{ad} = \frac{1}{m_v} \tag{5.8}$$

e entre E_{ad} e o índice de compressão C_C, a correlação

$$E_{ad} = \frac{\Delta\bar{\sigma}}{C_c \cdot \log \frac{\bar{\sigma}_v}{\bar{\sigma}_a}} (1 + e_a) \tag{5.9}$$

em que:

$\Delta\bar{\sigma} = \bar{\sigma}_v - \bar{\sigma}_a$;

$\bar{\sigma}_v$ = tensão efetiva final;

$\bar{\sigma}_a$ = tensão de pré-adensamento;

e_a = índice de vazios inicial.

Alguns valores de E_{ad} para solos brasileiros podem ser encontrados na Tabela 5.1, extraída de Barata (1984).

Notas:

1) O módulo de elasticidade E do solo não é uma constante, pois depende também do nível de deformações, da velocidade de aplicação das cargas, da tensão confinante etc. (Figura 5.6 e expressão 5.5a). É por essas razões que os valores da Tabela 5.1 estão apresentados por regiões e por intervalos de tensões verticais.
2) O solo não é um material elástico, pois, mesmo para pequenos níveis de carregamento, em que se possa admitir uma certa proporcionalidade entre

as deformações e as tensões, retiradas estas, as deformações não voltam a zero. Por essa razão, alguns autores utilizam a denominação **"módulo de deformabilidade"** ao invés de **"módulo de elasticidade"**.

Tabela 5.1 Valores típicos do módulo E_{ad} em solos brasileiros.

Argilas orgânicas muito moles da Baixada Fluminense (na faixa p = 0,02 a 0,08 MPa) (Silva, 1950; Ortigão, 1980)	0,2 a 0,5 MPa
Argilas orgânicas muito moles da Baixada Santista (Santos, SP), sob camada de 10 m de areia compacta (Machado, 1958)	0,8 a 1,2 MPa
Argilas residuais (Vargas, 1953):	
– de granito (Mandaqui, SP) (na faixa de 0,2 a 0,7 MPa)	6,5 MPa
– de gnaisse (V. Anastácio, SP) (na faixa de 0,3 a 0,8 MPa)	6,3 MPa
– de diabase (Londrina, PR) (SPT = 8) (na faixa de 0,2 a 0,5 MPa)	2,7 MPa
Argila porosa da cidade de São Paulo (na Rua da Liberdade) (SPT = 13) (na faixa de 0,2 a 0,5 MPa)	5,2 MPa
Argila residual de basalto da Serra de Carajás (Amazônia) (SPT = 15) (na faixa de 0,2 a 0,5 MPa) (AMZA, CVRD, 1980)	5,0 a 8,0 MPa
Areias argilosas residuais:	
– alteração de arenito Bauru (cidade da São Carlos, SP) (SPT = 3 a 5) (na faixa de 0,1 a 0,3 MPa) (Souto Silveira e Silveira, 1958)	2,0 MPa
1 kgf/cm² = 0,1MPa 1 MPa = 10kgf/cm²	

5.3 CONSIDERAÇÕES SOBRE O MÓDULO DE ELASTICIDADE

A curva tensão x deformação de um solo tem a forma indicada na Figura 5.5. No trecho inicial dessa curva existe proporcionalidade entre tensão e deformação (reta 1).

A inclinação dessa reta denomina-se **módulo de elasticidade tangente incial**, para diferenciá-la da reta 2, que é denominada **módulo tangente para uma dada tensão σ**. A inclinação da reta 3 é denominada módulo secante e é usada quando se quer dar tratamento linear a uma função não linear, através de cálculos iterativos de tal sorte que as coordenadas σ_A e ε_A do ponto A, calculadas pelo módulo secante, coincidam com os da curva real.

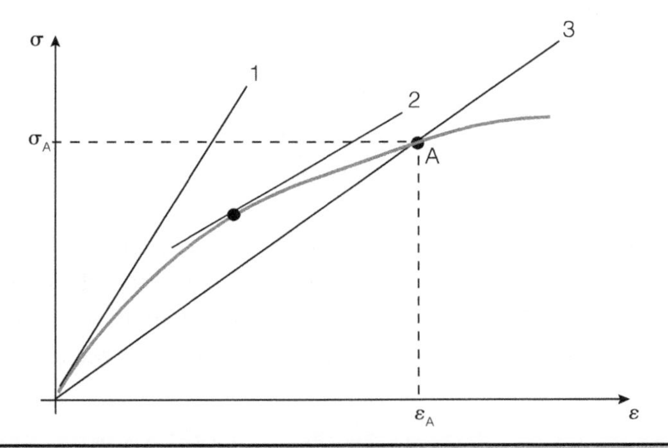

Figura 5.5 – Módulos de elasticidade.

Na Figura 5.6a mostra-se, esquematicamente, como varia a curva σ – ε (e portanto os módulos de elasticidade) com a tensão confinante e na Figura 5.6b mostra-se essa variação quando se permite ou não a drenagem durante o carregamento.

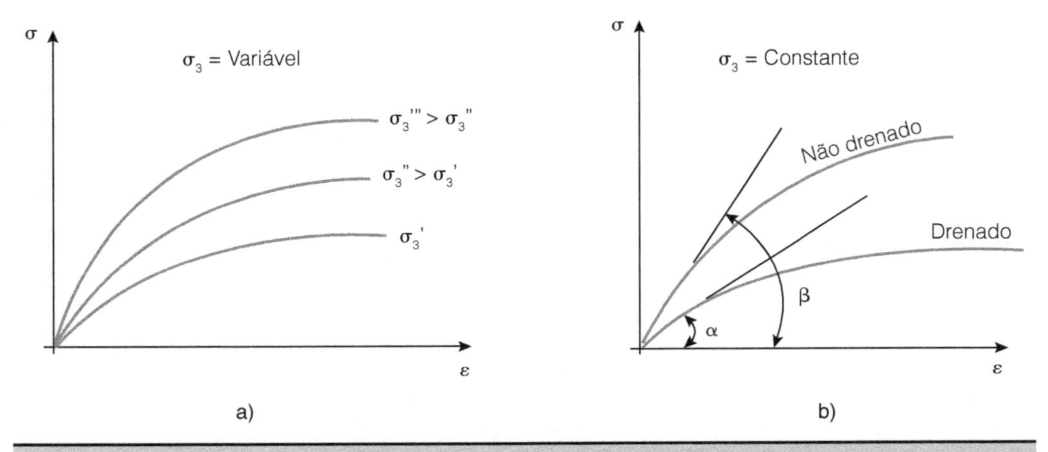

Figura 5.6 – Considerações sobre o módulo de elasticidade.

Uma correlação entre o módulo de elasticidade E_u = arctg β (não drenado) e E = arctg α (drenado) é apresentada por Barata (1986).

$$E_u = \frac{3}{2(1+\partial)} \quad E \tag{5.10}$$

em que:

Eu = 1.000 c_u (argilas inorgânicas);

Eu = 100 c_u (argilas orgânicas);

c_u = coesão não drenada (metade da resistência à compressão simples).

Uma correlação análoga entre o módulo de elasticidade drenado E e o módulo de adensamento E_{ad} é:

$$E = \left(1 - \frac{2\partial^2}{1-\partial}\right)E_{ad} \quad (5.11)$$

O módulo de elasticidade drenado E (também chamado "**módulo de placa**" por Barata) pode ser correlacionado com a resistência à ruptura do solo. Para solos não saturados ou de compressibilidade rápida, essa correlação pode ser obtida de maneira direta, entre a resistência de ponta qc do ensaio de penetração estática (cone holandês), pela expressão:

$$E = a \cdot q_c \quad (5.12)$$

em que a é uma constante denominada coeficiente da Buisman.

A experiência mostra que o valor de a é sempre maior que 1. Na Tabela 5.2, extraída de Barata (1984), mostram-se valores típicos de a.

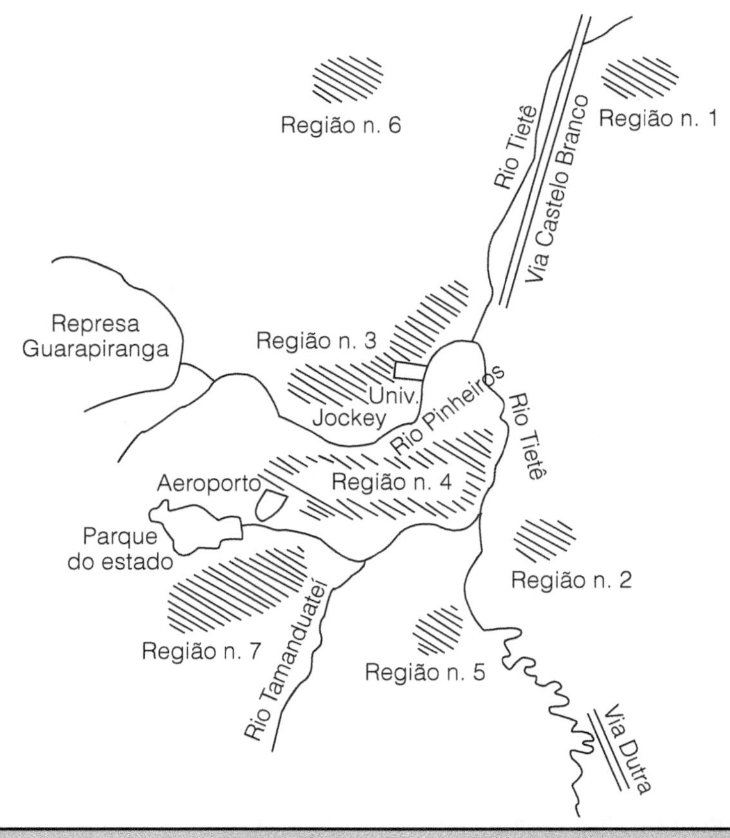

Figura 5.7 – Regiões estudadas por Alonso (1980).

Tabela 5.2 Valores do coeficiente de Buisman.

Tipo de solo	Coef. de Buisman	Referência
Silte arenoso, pouco argiloso (solo residual de gnaisse, ao natural) (Refinaria Duque de Caxias, Caxias, RJ)	1,15	1
Areia siltosa (solo residual de gnaisse, ao natural) (Refinaria Duque de Caxias, Caxias, RJ)	1,20	1
Silte argiloso (solo residual de gnaisse, ao natural) (Refinaria Duque de Caxias, Caxias, RJ)	2,40	1
Argila pouco arenosa (solo residual de gnaisse, ao natural) (Adrianópolis, Nova Iguaçu, RJ)	2,85	2
Silte pouco argiloso (aterro compactado) (local não determinado)	3,00	3
Solo residual argiloso (aterro compactado) (local não determinado)	3,00	3
Solo residual argiloso (aterro compactado) (Refinaria Duque de Caxias, Caxias, RJ)	3,40	1
Argila pouco arenosa (solo residual de gnaisse, ao natural) (Adrianópolis, Nova Iguaçu, RJ)	3,60	4
Solo residual argiloso (aterro compactado) (Refinaria Duque de Caxias, Caxias, RJ)	4,40	1
Argila areno-siltosa (solo residual de gnaisse, ao natural) (Adrianópolis, Nova Iguaçu, RJ)	5,20	2
Argila areno-siltosa ("porosa") (solo residual de basalto, ao natural) (Refinaria do Planalto, Campinas, SP)	5,20 9,20	5

Referências citadas na tabela:

1 – Barata, 1962

2 – Jardim, 1980

3 – de Mello e Cepollina, 1978

4 – Jardim, 1962

5 – Barata, Côrtes e Santos, 1970

Na falta de ensaios de penetração estática, podem-se utilizar correlações estatísticas com SPT, através da expressão:

$$q_c = k \cdot SPT \tag{5.13}$$

Os valores de k para a cidade de São Paulo foram pesquisados por este autor e estão indicados na Tabela 5.3. Esses valores são comparados aos propostos por Aoki e Velloso (1975). Os valores de k para outras regiões do país podem ser obtidos em Danzinger (1986).

5.4 COMPONENTES DO RECALQUE

No caso mais geral, o recalque total constitui-se de três parcelas:

$$r = r_i + r_p + r_s \tag{5.14}$$

em que:

r_i é o recalque imediato devido à deformação tridimensional (mudança de forma sem mudança de volume (∂ = 0,5)). Essa parcela do recalque é calculada pela teoria da elasticidade. Segundo Barata (1986), a denominação "imediato" é um termo inadequado, pois dá margem a confusão com o recalque rápido que ocorre em solos não saturados e em solos granulares (areias e pedregulhos) com qualquer grau de saturação. Esse autor propõe denominar r_i de recalque não drenado. Entretanto, como a denominação "imediato" é largamente empregada, será aqui mantida.

r_p é o recalque por adensamento primário que ocorre em solos de baixa permeabilidade (argilosos saturados), quando a tensão geostática efetiva inicial, somada ao acréscimo da tensão decorrente da fundação, é superior à tensão de pré-adensamento (estes cálculos são efetuados à meia altura da camada compressível, como se mostra na Figura 5.9a). É uma parcela de recalque devida à redução de volume (diminuição do índice de vazios) provocada pela saída de água, em decorrência do aumento da pressão neutra causado pela aplicação da carga da fundação. Para esse cálculo, usa-se a teoria do adensamento de Terzaghi. O tempo necessário para ocorrer esse recalque é tanto maior quanto menos permeável for o solo.

Nota: Se o solo for parcialmente saturado, o cálculo pode ser feito pela expressão de Skempton (1957). Entretanto, por ser esse cálculo um assunto que foge aos objetivos deste trabalho, o mesmo deixará de ser aqui abordado.

r_s é o recalque por adensamento secundário que, embora já ocorra com o adensamento primário, continua após se dissiparem as pressões neutras. Verifica-se que após a dissipação das tensões neutras, devidas ao carregamento da fundação no solo, este sob a ação da carga efetiva constante continua a se deformar (Figura 5.12).

Tabela 5.3 Valores do coeficiente k propostos por Alonso para a cidade de São Paulo.

Região n. (Figura 5.7)	Descrição do solo encontrado	Valores de k (MPa)		
		Valores 80% de confiança	Valor mais provável	Valor proposto por Aoki e Velloso
1	Silte arenoso, pouco argiloso (residual)	0,22 a 0,41	0,31	0,45
2	Silte arenoso, pouco argiloso (residual)	0,24 a 0,46	0,34	0,45
	Argila siltosa, pouco arenosa	0,19 a 0,48	0,33	0,33

(continua)

(continuação)

Tabela 5.3 Valores do coeficiente k propostos por Alonso para a cidade de São Paulo.

Região n. (Figura 5.7)	Descrição do solo encontrado	Valores de k (MPa)		
		Valores 80% de confiança	Valor mais provável	Valor proposto por Aoki e Velloso
3	Areia argilosa	0,50 a 1,46	0,94	0,60
	Areia pouco argilosa, pouco siltosa	0,44 a 0,87	0,60	0,50
	Silte argiloso arenoso (residual)	0,20 a 0,49	0,33	0,25
4	Areia argilosa	0,38 a 0,85	0,56	0,60
	Areia fina pouco argilosa	0,43 a 0,87	0,64	0,50
	Silte arenoso (residual)	0,35 a 0,65	0,52	0,55
	Silte pouco arenoso, pouco argiloso (residual)	0,16 a 0,46	0,26	0,45
	Silte pouco argiloso, pouco arenoso (residual)	0,17 a 0,84	0,50	0,25
	Argila arenosa	0,17 a 0,41	0,27	0,35
	Argila siltosa (residual)	0,49 a 1,03	0,72	0,22
	Argila siltosa, pouco arenosa	0,16 a 0,53	0,28	0,33
5	Areia argilosa, siltosa	0,25 a 0,99	0,61	0,50
	Argila siltosa, arenosa	0,20 a 0,55	0,35	0,33
6	Silte argiloso com areia fina	0,14 a 0,35	0,21	0,25
7	Areia argilosa, pouco siltosa	0,22 a 0,66	0,38	0,50
	Silte arenoso, pouco argiloso (residual)	0,23 a 0,56	0,33	0,45

O eng. Nelson Aoki observou a este autor que, por estarem os recalques relacionados a um eixo de referência, orientado conforme se indica na Figura 5.1 (com origem abaixo da cota de apoio da fundação), e sendo os mesmos uma grandeza vetorial, deveriam ser dotados de sinal negativo para indicar que estão ocorrendo para baixo, ou seja, em sentido contrário ao do eixo y. O mesmo deveria ser feito com as cargas de compressão no solo. Entretanto, é tradição em Mecânica dos Solos e Fundações adotar, tanto para os recalques quanto para as forças de compressão, a convenção positiva. Para não fugir a essa tradição, também adotaremos essa convenção de sinais, embora concordando com a observação do colega Aoki.

Para que a expressão (5.14) seja válida, principalmente com respeito às parcelas de recalque por adensamento, há necessidade de que a camada compressível só sofra deformação vertical. Isso só ocorre quando:

a) a camada compressível for de pequena espessura e se situar a grande profundidade;

b) as dimensões da fundação forem grandes em comparação com a espessura da camada compressível. A esse respeito valem as observações feitas por Barata (1986), transcritas a seguir.

Se a área carregada é relativamente grande (Figura 5.8a e 5.8c), o problema se enquadra na teoria do adensamento unidimensional de Terzaghi, pois não ocorre praticamente "embarrigamento". O solo situado na parte central da placa é adensado unidimensionalmente, e a drenagem se faz verticalmente, já que as tensões horizontais se equilibram (Figura 5.8c), pois qualquer "prisma" de solo considerado, na parte central, é impedido de se deformar lateralmente, face à presença dos "prismas" adjacentes. Apenas na periferia da placa é que haverá possibilidades de deformação e drenagem lateral. Na situação indicada na Figura 5.8c o recalque total pode ser calculado utilizando-se o módulo de adensamento ou a teoria clássica de adensamento.

Se a placa é relativamente pequena (Figura 5.8b), aí sim tem sentido se calcular o recalque r_i pelas expressões da teoria da elasticidade, pois o efeito tridimensional ("embarrigamento") passa a ser mais sensível.

Cabe finalmente lembrar que os solos granulares de alta permeabilidade (pedregulhos, areias, siltes arenosos) têm comportamento independente do grau de saturação, e, portanto, para esses solos, estando ou não saturados, o recalque total é o próprio recalque imediato, já que r_p e r_s, nesses solos, são nulos.

Além das variáveis mencionadas, que influem diretamente na previsão do recalque, também a rigidez da estrutura tem influência nesse valor e a mesma deverá ser levada em conta nos cálculos.

Vê-se, por tudo que já foi exposto, que a previsão de recalques é extremamente complexa. Como a mesma ainda não está resolvida a contento, há a necessidade de muito estudo sobre o assunto. Nesse contexto, a observação e o controle dos recalques e das cargas realmente atuantes nas fundações é de primordial importância. Infelizmente, em nosso meio técnico, essa etapa de controle tem sido negligenciada, sendo realizada em poucas obras, e mesmo assim de maneira incompleta, visto que é feita a medida dos recalques, mas não a das cargas reais que atuam nas fundações. Estas tem sido estimadas a partir dos desenhos de cargas do calculista da obra, cujos valores são teóricos e não necessariamente reais, pois conforme evoluem os recalques há redistribuição das cargas. Além disso os materiais de enchimento e de revestimento muitas vezes são diferentes em espessuras e peso específico daqueles considerados na fase de cálculo.

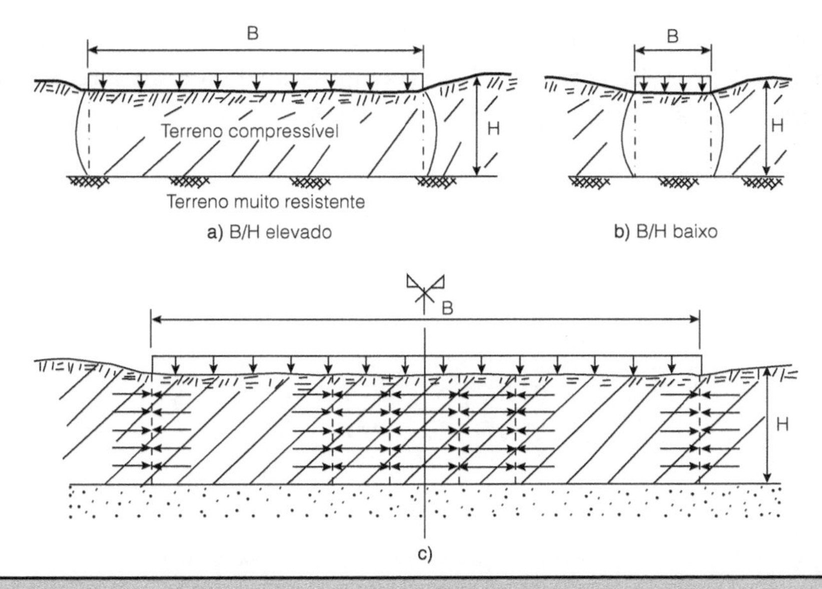

Figura 5.8 – Influência de relação B/H.

A norma NBR 6122:2010, em revisão no momento de publicação deste livro, obriga a verificar o desempenho das fundações em estruturas com mais de 50 m de altura; em prédios com relação altura/largura (menor dimensão) superior a 4; em estruturas nas quais a carga variável é significativa em relação à carga total (silos e reservatórios) e em estruturas não convencionais.

5.5 RECALQUE POR ADENSAMENTO PRIMÁRIO

Seja uma camada de solo compressível saturada, que se estende até uma profundidade H abaixo da cota de apoio de uma placa flexível sujeita a uma tensão p.

Se a tensão efetiva final σ_v, à meia altura da espessura H (Figura 5.9a), for superior à tensão de pré-adensamento σ_a, ocorrerá recalque por adensamento.

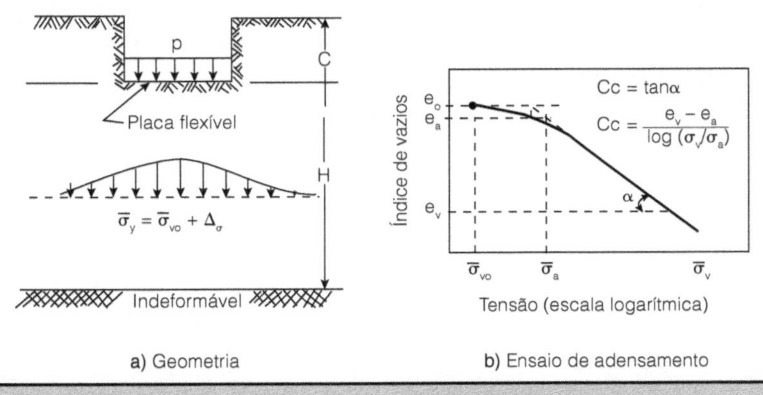

Figura 5.9 – Adensamento primário.

O recalque de um solo compressível até uma tensão final O_v, compõe-se de duas parcelas. A primeira corresponde à recompressão do solo até a tensão de pré-adensamento σ_a, e a segunda corresponde à variação de tensão $\sigma_v - \sigma_o$ (Figura 5.9b).

$$r_p = \frac{e_a - e_o}{1 + e_o} H + \frac{e_v - e_a}{1 + e_a} H \quad (5.15)$$

ou, ainda:

$$r_p = \frac{C_r \cdot H}{1 + e_o} \log \frac{\bar{\sigma}_a}{\bar{\sigma}_{v_o}} + \frac{C_c \cdot H}{1 + e_a} \log \frac{\bar{\sigma}_v}{\bar{\sigma}_a} \quad (5.15a)$$

em que:

C_r é o índice de recompressão no ensaio de adensamento;

C_c é o índice de compressão (inclinação da reta virgem no ensaio de adensamento);

e_o é o índice de vazios do solo correspondente à tensão efetiva inicial (antes da aplicação da tensão p);

e_a é o índice de vazios correspondente à tensão de pré-adensamento;

σ_v é a tensão efetiva total atuante à meia altura da espessura H. Essa tensão é obtida, somando-se à tensão efetiva geostática inicial o acréscimo de tensão provocado pela tensão p da placa;

σ_a é a tensão de pré-adensamento do solo compressível. Geralmente essa tensão é expressa em relação à tensão efetiva inicial do solo. A essa relação denomina-se razão de sobreadensamento (RSA). Se o solo compressível é normalmente adensado (tensão efetiva geostática inicial = tensão de pré-adensamento) RSA = 1. A Figura 5.10, extraída de Massad (1985), mostra alguns valores de RSA para as argilas moles da Baixada Santista. Pela importância deste assunto, recomenda-se a leitura desse artigo e também o de Massad (1988).

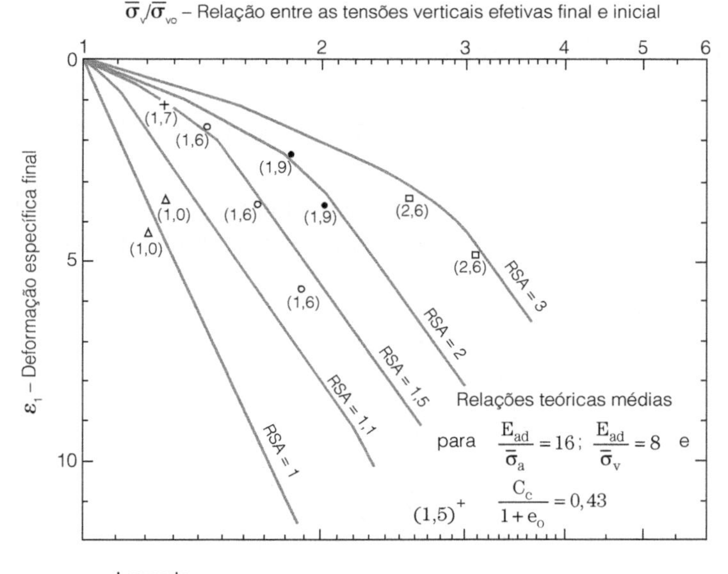

Figura 5.10 – Valores de RSA para a Baixada Santista.

A expressão (5.15a) fornece o recalque que ocorre a tempo infinito. Se houver necessidade de se calcular o recalque para um determinado tempo t (evolução do recalque com o tempo), usam-se as expressões do fator tempo T_v e da percentagem de recalque U. A correlação entre essas duas grandezas é:

$$Tv = \frac{\pi}{4}\left(\frac{U}{100}\right)^2 \quad \text{para } U \leq 60\% \tag{5.16a}$$

$$T_v = 1,781 - 0,933\log(100 - U) \quad \text{para } U > 60\% \tag{5.16b}$$

Nessas expressões têm-se:

$$U = \left(\frac{\text{recalque no tempo t}}{\text{recalque no tempo infinito}}\right) \times 100 \tag{5.17}$$

$$T_v = \frac{C_v \cdot t}{H_d} \tag{5.18}$$

em que:

C_v é o coeficiente de adensamento;

t é o tempo considerado;

H_d é a máxima distância de percolação vertical (Figura 5.11).

Por ser o cálculo de recalques por adensamento primário assunto regular do curso normal de Mecânica dos Solos, deixam de ser apresentadas mais considerações sobre este tema.

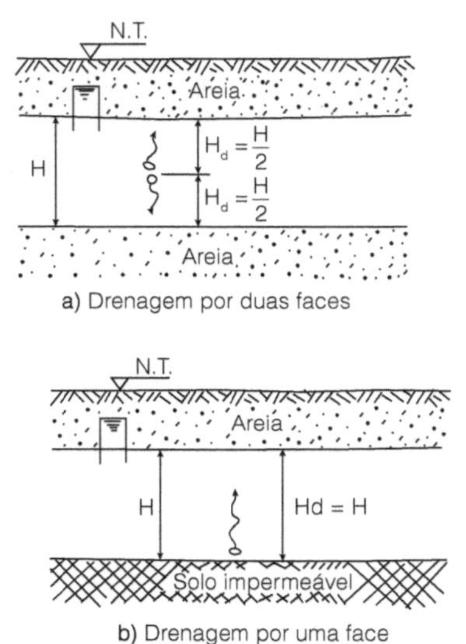

Figura 5.11 – Valores de H_d.

5.6 RECALQUE POR ADENSAMENTO SECUNDÁRIO

Este recalque ocorre também ao longo do tempo, porém, com tensão efetiva constante, pois não há mais a saída de água do solo por efeito da aplicação da carga da fundação (Figura 5.12).

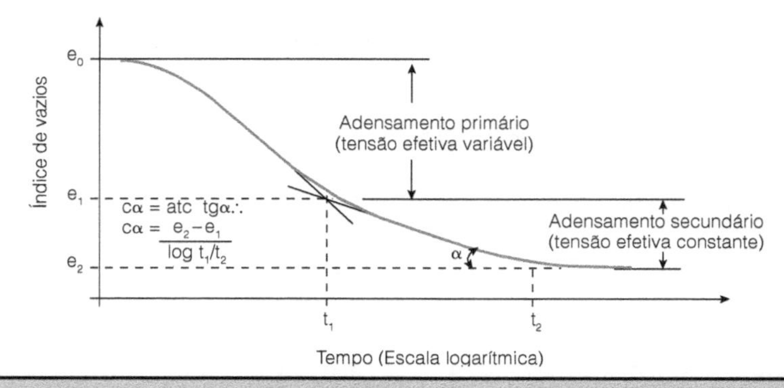

Figura 5.12 – Evolução dos recalques por adensamento.

O fenômeno do adensamento secundário é atribuído a uma deformação visco-elástica do esqueleto sólido da argila, sob a ação da tensão efetiva aplicada. É um fenômeno ainda não totalmente explicado. Observa-se empiricamente, pelos ensaios de adensamento, que esse recalque se desenvolve segundo uma função linear com o logaritmo do tempo, daí porque sugere-se, para seu cálculo, a expressão (5.19). Atualmente, investiga-se intensamente a natureza e as leis reológicas deste recalque.

$$r_s = \frac{C_\alpha \cdot H}{1+e_1} \log \frac{t_2}{t_1} \tag{5.19}$$

em que:

$C\alpha$ é o índice de compressão secundário;

t_1 é o tempo necessário para ocorrer 100% do recalque primário;

e_1 é o índice de vazios correspondente a t_1;

t_2 é o tempo em que se deseja conhecer o valor do recalque secundário;

e_2 é o índice de vazios correspondente a t_2 (Figura 5.12).

5.7 RECALQUE IMEDIATO DE PLACAS FLEXÍVEIS

Para o cálculo do recalque imediato, utilizam-se as equações da teoria dos solos elásticos semi-infinitos, embora o solo não seja um material perfeitamente elástico, homogêneo e isótropo. Entretanto, para fins práticos, sempre é possível ajustar uma reta no gráfico tensão x deformação, dentro dos limites das tensões ou das deformações envolvidos no problema. Tal procedimento permite obter resultados que atendem às grandezas de tensões e recalques envolvidos na prática da Engenharia de Fundações.

Em 1885, Boussinesq apresentou as equações que fornecem as tensões e os deslocamentos decorrentes da aplicação de uma força na superfície de um espaço semi-infinito (Figura 5.13a), e em 1936, Mindlin resolveu problema análogo, em que a carga está aplicada em profundidade (Figura 5.13b). Como neste capítulo serão abordados apenas os recalques, serão somente apresentadas as expressões que fornecem as tensões verticais e seus correspondentes deslocamentos (recalques).

a) Solução de Boussinesq (Figura 5.13a)

$$\sigma_z = \frac{3 \cdot P}{2 \cdot \pi \cdot z^2} \cos^5 \alpha \tag{5.20}$$

$$r_z = \frac{P \cdot (1+\partial)}{2\pi \cdot E \cdot a} \left[2(1-\partial) + \cos^5 \alpha \right] \text{sen } \alpha \tag{5.21}$$

Verifica-se, pela expressão (5.21), que o valor máximo do recalque ocorre à superfície ($\alpha = 90°$; $\cos \alpha = 0$ e $\text{sen } \alpha = 1$) e nas proximidades da carga ($a \rightarrow 0$).

Os recalques na superfície, para diversos valores de a, são dados por:

$$r_0 = \frac{P\left(1+\partial^2\right)}{\pi \cdot E \cdot a} \tag{5.21a}$$

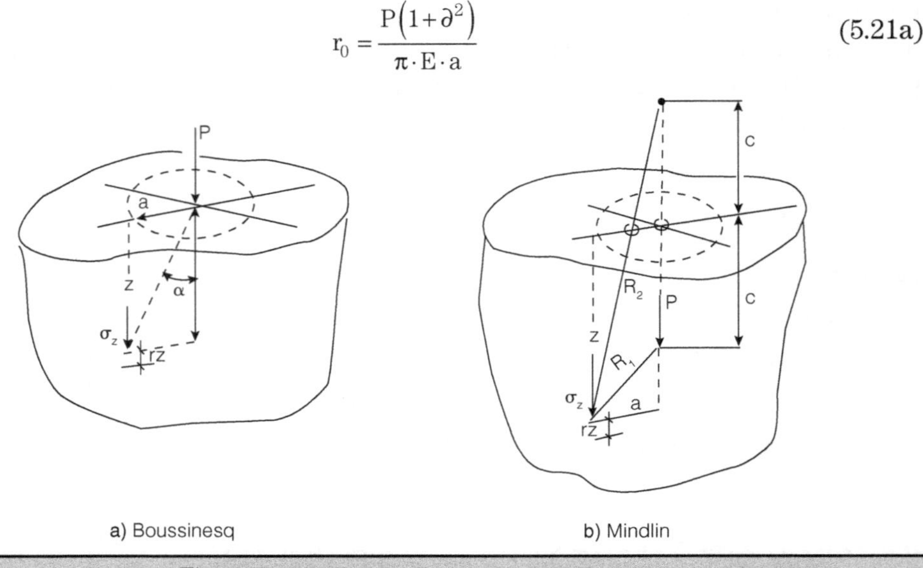

Figura 5.13 – Meio elástico semi-infinito.

b) Solução de Mindlin (Figura 5.13b)

$$\sigma_z = \frac{P}{8\pi(1-\partial)}\left[-\frac{(1-2\partial)(z-c)}{R_1^3}+\frac{(1-2\partial)(z-c)}{R_2^3}-\frac{3(z-c)^3}{R_1^5}\right.$$
$$\left.-\frac{3(3-4\partial)z(z+c)^2-3c(c+z)(5z-c)}{R_2^5}-\frac{30cz(z+c)^3}{R_2^7}\right] \tag{5.22}$$

$$r_z = \frac{P(1+\partial)}{8\pi\, E(1-\partial)}\left[\frac{3-4\partial}{R_1}+\frac{8(1-\partial)^2-(3-4\partial)}{R_2}+\frac{(z-c)^2}{R_1^3}\right.$$
$$\left.+\frac{(3-4\partial)(z+c)^2-2cz}{R_2^3}+\frac{6cz(z+c)^2}{R_2^5}\right] \tag{5.23}$$

em que:

$$R_1 = \sqrt{a^2+(z-c)^2} \tag{5.24}$$

$$R_2 = \sqrt{a^2+(z+c)^2} \tag{5.25}$$

Com base nas soluções anteriores, podem-se obter, por integração, as tensões e os recalques causados pelos mais diversos tipos de carregamentos flexíveis. A título ilustrativo, apresentam-se as Figuras 5.14 e 5.15, obtidas por integrações das equações das tensões estabelecidas, respectivamente, por Boussinesq e por Mindlin.

Outras soluções podem ser encontradas, por exemplo, em Poulos e Davis (1974).

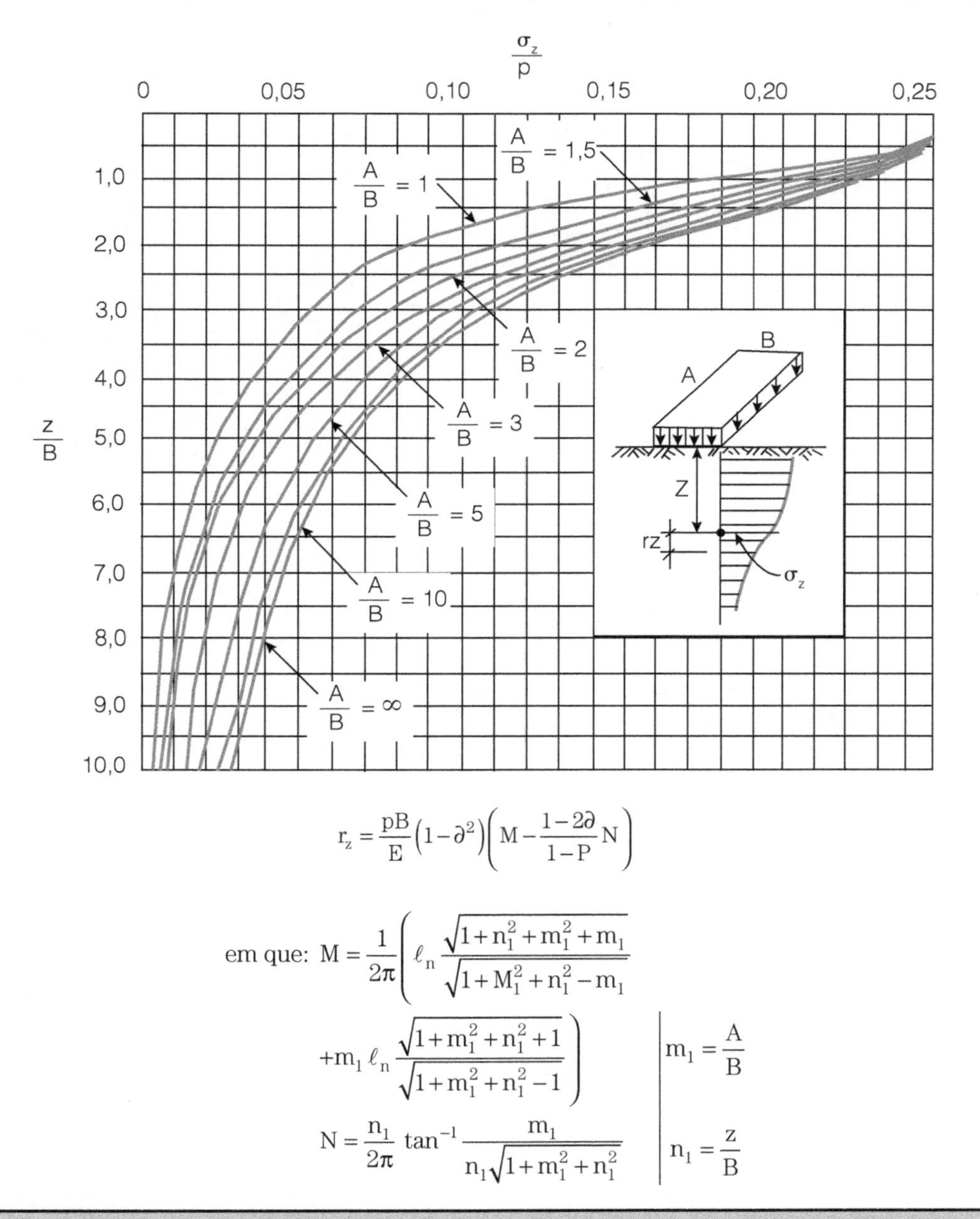

$$r_z = \frac{pB}{E}\left(1-\partial^2\right)\left(M - \frac{1-2\partial}{1-P}N\right)$$

em que: $$M = \frac{1}{2\pi}\left(\ell_n \frac{\sqrt{1+n_1^2+m_1^2}+m_1}{\sqrt{1+M_1^2+n_1^2}-m_1} + m_1\,\ell_n \frac{\sqrt{1+m_1^2+n_1^2}+1}{\sqrt{1+m_1^2+n_1^2}-1}\right)$$

$$N = \frac{n_1}{2\pi}\tan^{-1}\frac{m_1}{n_1\sqrt{1+m_1^2+n_1^2}}$$

$$m_1 = \frac{A}{B} \qquad n_1 = \frac{z}{B}$$

Figura 5.14 – Tensões e recalques na projeção do canto de placa retangular.

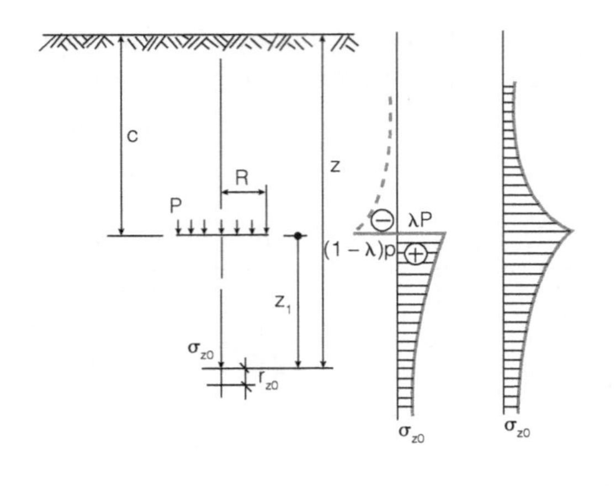

ν	C/R \ z_1/R	0	1	2	3	∞
		$\lambda = \sigma_{z0}/p$				
0,00	0	1,00	0,70	0,56	0,54	0,50
	1	0,64	0,35	0,30	0,27	0,25
	2	0,28	0,17	0,13	0,12	0,10
	4	0,09	0,06	0,05	0,04	0,03
0,25	0	1,00	0,71	0,57	0,53	0,50
	1	0,64	0,46	0,39	0,29	0,26
	2	0,28	0,18	0,15	0,13	0,11
	4	0,09	0,07	0,06	0,04	0,03
0,50	0	1,00	0,75	0,58	0,54	0,50
	1	0,64	0,45	0,38	0,35	0,34
	2	0,28	0,22	0,18	0,15	0,14
	4	0,09	0,08	0,07	0,04	0,04

$$r_{z_0} = \frac{p(1+\partial)}{4E(1-\partial)}\left\{(3-4\partial)\left[\sqrt{R^2+(z-c)^2}-(z-c)\right]\right.$$

$$+\left(5-12\partial+8\partial^2\right)\left[\sqrt{R^2+(z+c)}-(z+c)\right]+(z-c)$$

$$-\frac{(z-c)^2}{\sqrt{R^2+(z+c)^2}}+\frac{(3-4\partial)(z+c)^2-2cz}{z+c}$$

$$\left.-\frac{2cz(z+c)^2}{\left[\sqrt{R^2+(z+c)^2}\right]^3}+\frac{2cz}{(z+c)}-\frac{(3-4\partial)(z+c)^2-2cz}{\sqrt{R^2+(z+c)^2}}\right\}$$

Nota: Para c → 0 (placa circular na superfície)

$$\sigma_{z_0} = p\left\{1-\left[\frac{1}{1+\left(\frac{R}{z}\right)^2}\right]^{3/2}\right\}$$

$$r_{z_0} = \frac{2pR\left(1-\partial^2\right)}{E}\left[\sqrt{1+\left(\frac{z}{R}\right)^2}-\frac{z}{R}\right]\cdot\left[1+\frac{z/R}{2(1-\partial)\sqrt{1+\left(\frac{z}{R}\right)^2}}\right]$$

Figura 5.15 – Tensões e recalques na projeção do centro de placa circular.

As fórmulas anteriormente apresentadas aplicam-se ao caso de espaço semi-infinito elástico. Entretanto, na natureza, todo extrato de solo repousa a uma profundidade finita, sobre uma base relativamente rígida e, portanto, "indeformável", ou seja, nessa profundidade o recalque é nulo. Esse fato deve ser levado em conta nos resultados. A Figura 5.16, extraída do Terzaghi (1945), mostra a influência da posição do "indeformável" nos recalques que ocorrem na superfície.

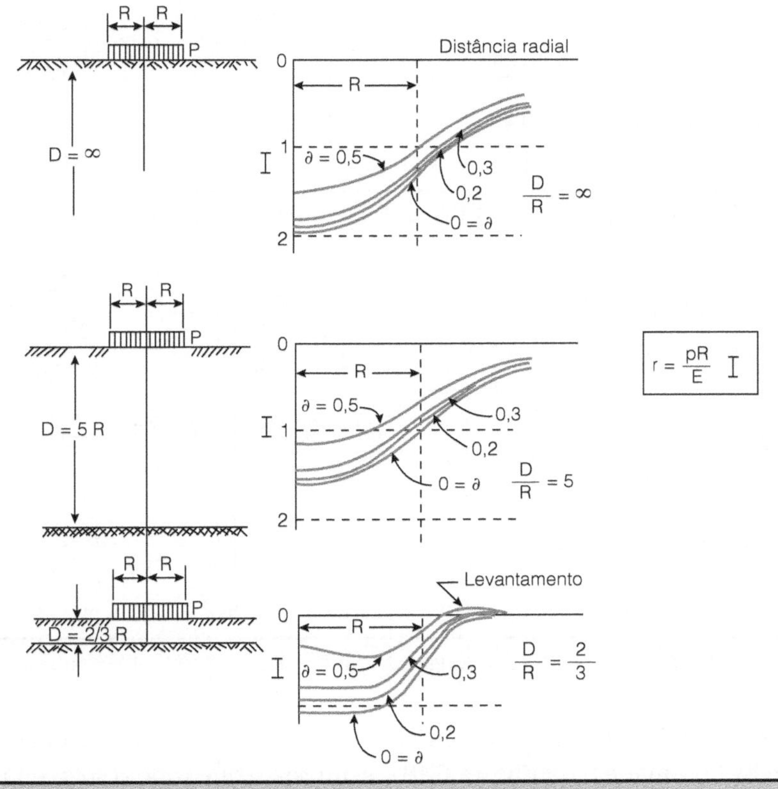

Figura 5.16 – Influência do "indeformável" nos recalques.

Para se levar em conta a existência do indeformável, pode-se utilizar o artifício proposto por Steinbrenner (1934). Segundo esse autor, o recalque r de uma superfície carregada repousando em estrato indeformável (semiespaço finito) pode ser obtido pela expressão:

$$r = r' - r'' \tag{5.26}$$

em que:

r' = recalque de uma massa semi-infinita ao nível da aplicação da carga (Figura 5.17);

r" = idem na profundidade onde existe o "indeformável".

A proposição de Steinbrenner pode ser generalizada para o caso em que existam várias camadas antes do indeformável. Para esse caso, Rosendiz (1957) propõe um cálculo conforme se esquematiza na Figura 5.18, e consiste no procedimento seguinte.

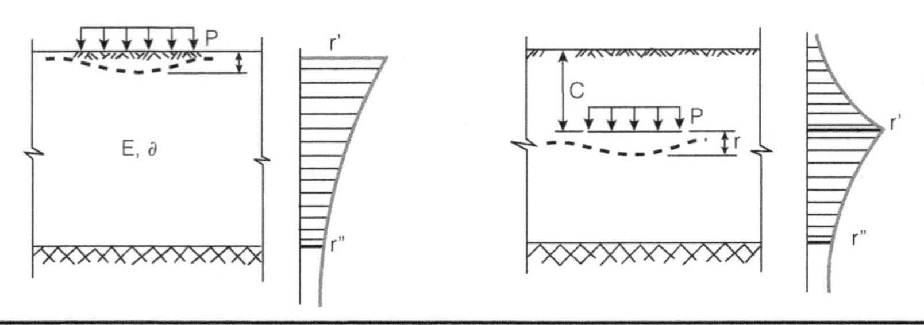

Figura 5.17 – Proposição de Steinbrenner.

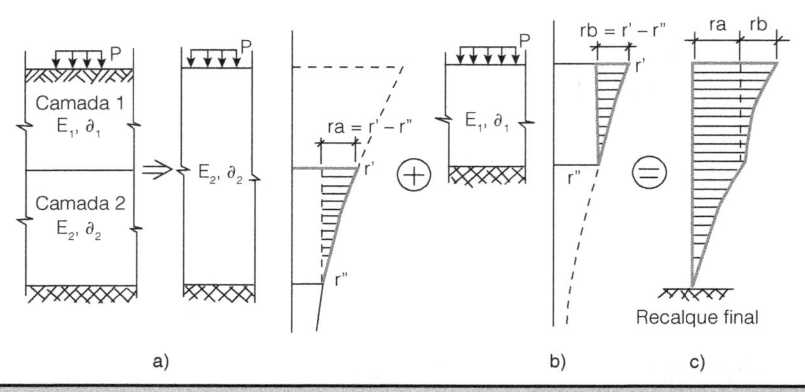

Figura 5.18 – Generalização da proposição de Steinbrenner.

O cálculo é feito de baixo para cima, iniciando-se pela camada em contato com o indeformável (camada 2 da Figura 5.18). Admite-se que todo o solo, do indeformável para cima, seja igual ao da camada 2. Com essa hipótese, calculam-se os recalques r' e r", respectivamente, nas profundidades do indeformável e no topo da camada 2 (Figura 5.18a). O recalque devido a essa camada será r_a, calculado pela expressão 5.26. O procedimento é repetido, deslocando-se o indeformável para o topo da camada já calculada (Figura 5.18b) e utilizando-se o solo imediatamente acima, resultando o recalque r_b. À medida que se vai "subindo" com o indeformável, o gráfico de recalques vai sendo superposto (Figura 5.18c). Este procedimento vai sendo repetido tantas vezes quantas forem as camadas, até se chegar ao nível de aplicação da carga. Um exemplo esclarece a questão.

Exemplo 5.1:

Calcular o recalque imediato do centro de uma placa circular flexível, com 10 m de raio, apoiada no solo indicado a seguir e sujeita a uma tensão uniforme de 30 kPa.

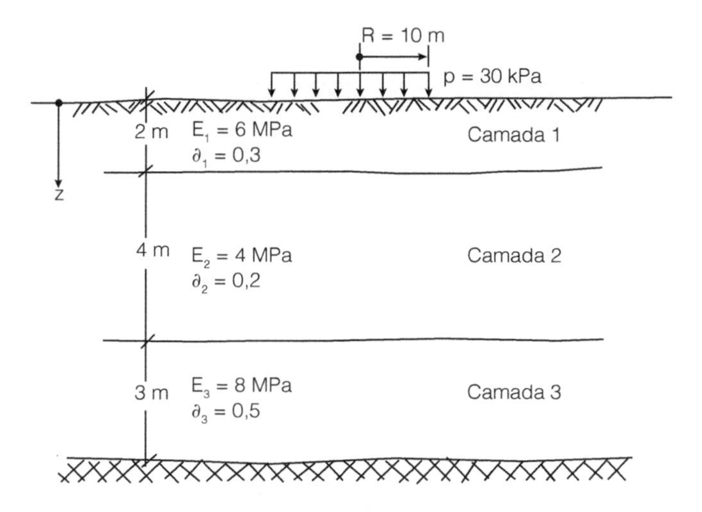

Solução:

A expressão do recalque, pelo centro da placa apoiada num espaço semi-infinito, é apresentada na Figura 5.15.

$$r_{z_0} = \frac{2pR\left(1-\partial^2\right)}{E}\left[\sqrt{1+\left(\frac{z}{R}\right)^2} - \frac{z}{R}\right] \cdot \left[1 + \frac{z/R}{2(1-\partial)\sqrt{1+\left(\frac{z}{R}\right)^2}}\right]$$

Face à existência de várias camadas e do indeformável, será utilizado o artifício de Steinbrenner, iniciando-se o cálculo pela camada 3. Os recalques r' e r" serão calculados, respectivamente, nas profundidades 9 e 6 m, admitindo-se que todo o solo, entre o indeformável e a superfície, apresente E = 8 MPa e ∂ =0,5.

z (m)	E (kPa)	∂	r (m)
9	8000	0,5	0,24
6	8000	0,5	0,15
$r_9 - r_6$			0,09

Deslocando o indeformável para o topo da camada 3 e admitindo que todo o solo entre essa nova posição do indeformável e a superfície apresente E = 4 MPa e ∂ = 0,2, calcula-se o recalque nas profundidades 4 e 2 m.

z (m)	E (kPa)	∂	r (m)
6	4000	0,2	0,33
2	4000	0,2	0,19
$r_6 - r_2$			0,14

Repetindo o procedimento para a camada 1, tem-se:

z (m)	E (kPa)	∂	r (m)
2	6000	0,3	0,13
0	6000	0,3	0,09
$r_2 - r_0$			0,04

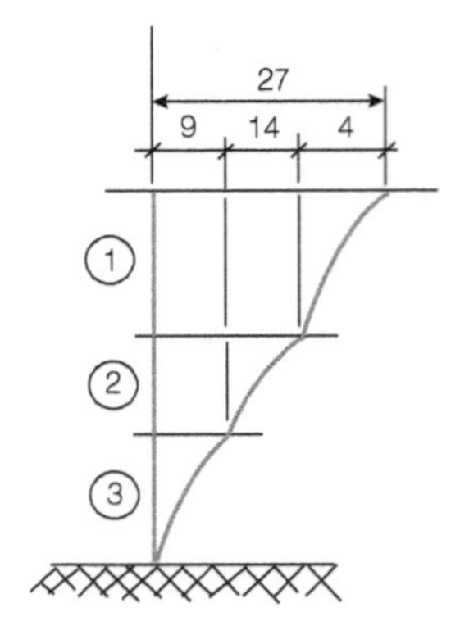

O recalque final do centro da placa será:

r = 9 + 14 + 4 = 27 cm

5.8 RECALQUE IMEDIATO DE PLACAS RÍGIDAS

As expressões até agora apresentadas pressupõem que a fundação seja suficientemente flexível, isto é, não interfira na tensão transmitida ao solo. Entretanto, a realidade é que os elementos de fundação têm rigidez e, portanto, interferem no valor dessa tensão. São as chamadas tensões de contato, para diferenciá-las das tensões aplicadas. Para se entender esse aspecto, considerem-se duas fundações às quais se aplica um carregamento uniforme (Figura 5.19). A primeira é constituída por uma placa flexível (Figura 5.19a), e a segunda por uma placa com grande rigidez (Figura 5.19b). Esta segunda, ao contrário da primeira, oferecerá resistência à flexão, que a impedirá de acompanhar os recalques calculados pela teoria da elasticidade, que, como já se viu, são maiores no centro da placa (praticamente o dobro) do que nas bordas (Figura 5.19a). A grande rigidez forçará os recalques a serem iguais em toda área de contato da placa com o solo. Para o caso de placas circulares e placas corridas (Figura 5.20), Borowicka (1938) apresenta as tensões de contato em função do parâmetro:

$$K = \frac{1}{6} \cdot \frac{(1-\partial_s)^2}{(1-\partial_p)^2} \cdot \frac{E_p}{E_s} \frac{H}{B} \tag{5.27}$$

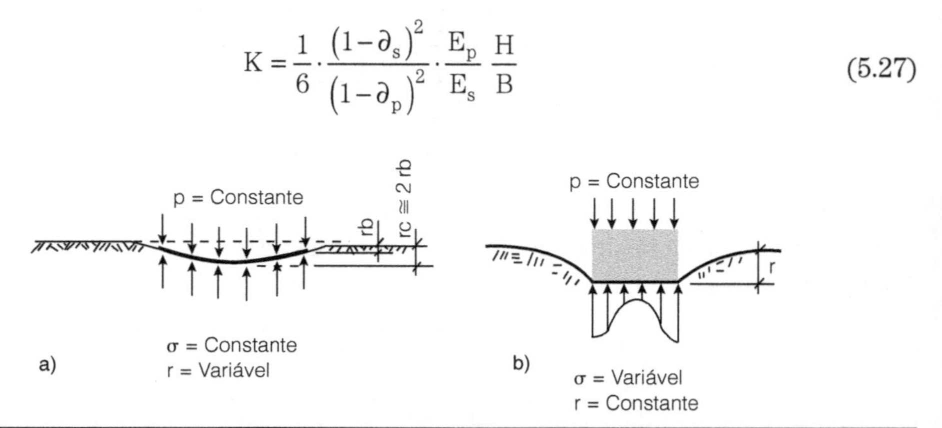

Figura 5.19 – Tensões σ de contato.

em que σ_p, ∂_S, E_p e E_s são, respectivamente, os coeficientes de Poisson e módulos de elasticidade da placa e do solo; H é a espessura da placa e B é o raio (ou a semilargura) da placa.

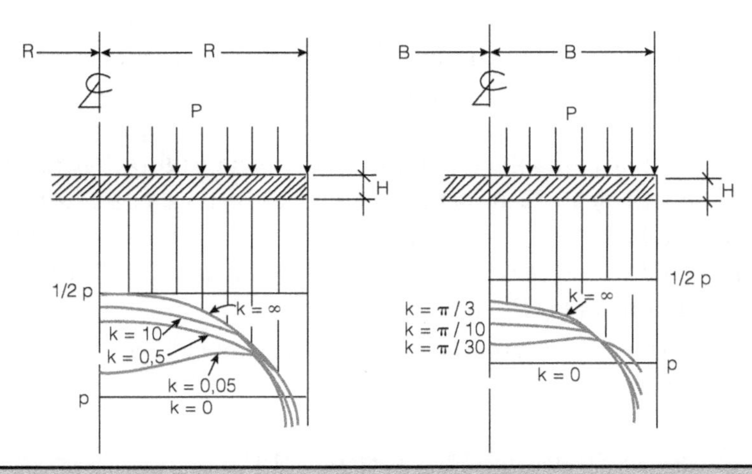

Figura 5.20 – Tensões de contato em meio elástico isotrópico.

Uma solução análoga é a apresentada por Timoshenko (1934), para o caso de um pistão circular, apoiado num meio elástico e isotrópico, sujeito a uma carga P (Figura 5.21). Para esse caso, o recalque e as tensões de contato são obtidos por:

$$r = \frac{P}{2R} \cdot \frac{1-\partial^2}{E_s} \tag{5.28}$$

$$\sigma = \frac{P}{2\pi \, R\sqrt{R^2 - a^2}} \tag{5.29}$$

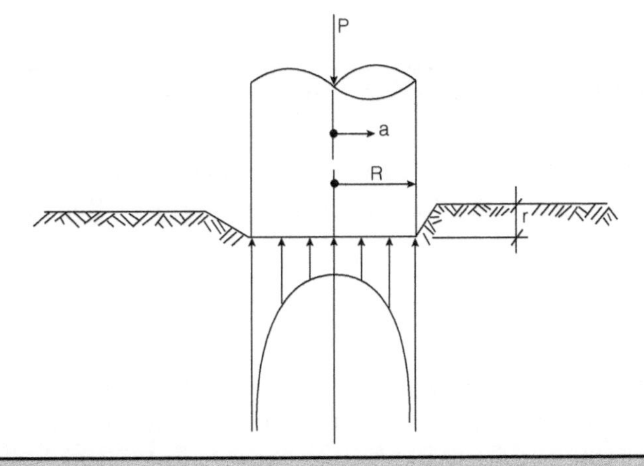

Figura 5.21 – Tensões de contato sob pistão rígido.

Verifica-se, pelas expressões anteriores, que, num meio elástico isotrópico, as tensões de contato na borda de uma placa rígida tendem para ∞. Entretanto, o solo não oferece resistência superior ao seu valor de ruptura. Por essa razão, haverá uma redistribuição das tensões de contato que dependerá do tipo do solo onde se apoia a placa. Se esse solo é areia, sem coesão, a tensão de ruptura junto às bordas é praticamente nula, quando a placa está apoiada junto à superfície, ou relativamente pequena se estiver em profundidade. Para manter o equilíbrio, as tensões de contato assumirão uma forma parabólica, como se mostra na Figura 5.22a. Essa forma é decorrente da plastificação da areia nas imediações da borda da placa. Para se obter a geometria do paraboloide deve-se igualar os volumes "de tensão" acima e abaixo da placa, ou seja, o volume do paraboloide deve ser igual a p · 2π · R (ou p · B · L, se a placa for retangular de lados B e L).

A tensão de ruptura, nas bordas de uma placa apoiada em areia a uma profundidade z, é dada por:

$$\sigma_R = \gamma \cdot z \cdot tg^2\left(45° + \frac{\varphi}{2}\right) \tag{5.30}$$

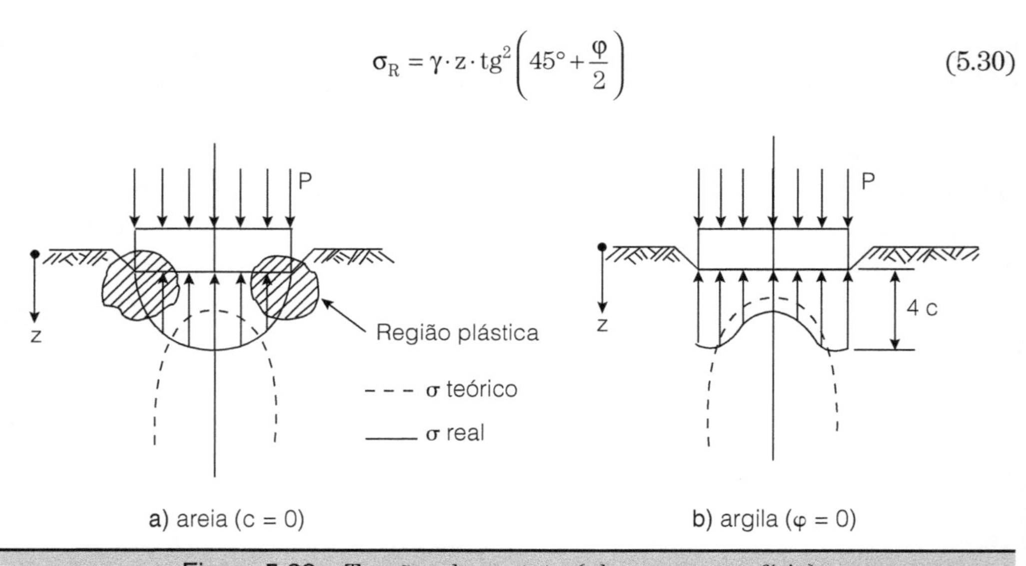

Figura 5.22 – Tensões de contato (placa em superfície).

Se o solo for constituído por argila, a tensão de ruptura nas bordas da placa será tanto maior quanto maior for a coesão dessa argila. Seu valor pode ser estimado por:

$$\sigma_R = 4c + \gamma \cdot z \tag{5.31}$$

que, para a placa apoiada na superfície, reduz-se a σ_R = 4c. As tensões de contato tomam a forma da Figura 5.22b, sempre mantendo a constância do volume "de tensão", analogamente ao que se expôs para as areias.

Normalmente, é praxe na Engenharia de Fundações não se levar em conta essas distribuições das tensões de contato, principalmente se as fundações forem profundas, pois os valores de σ_R obtidos pelas expressões (5.30) e (5.31) são elevados e, portanto, as tensões de contato não são muito diferentes de uma distribuição uniforme. Somente em fundações especiais (geralmente *radiers* ou sapatas apoiadas em solos de baixa resistência) é que se leva em conta essa distribuição de tensões de contato.

5.9 RECALQUE IMEDIATO DE ESTACAS

Por serem as estacas fundações profundas, cuja ponta, geralmente, embute-se em solo de alta resistência, é costume considerar-se as tensões de contato uniformemente distribuídas.

Aoki e Lopes apresentaram em 1975 a estimativa de recalque de uma estaca isolada, utilizando as equações de Mindlin. Um resumo desse cálculo pode ser encontrado em Alonso (1988), bem como um programa em BASIC para o cálculo do recalque (Figura 5.23), reproduzido a seguir a título de curiosidade.

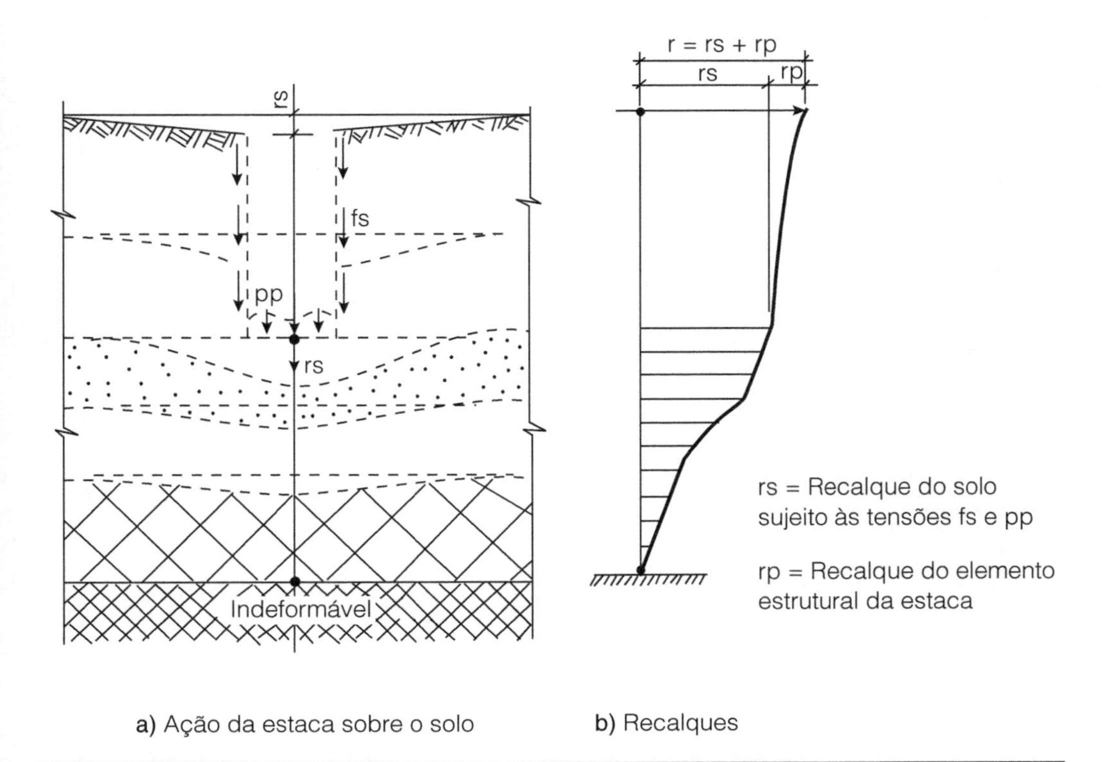

Figura 5.23 – Recalque de estaca isolada.

```
10 REM"CALC.RECALQUE ESTACAS CIRCULARES
20 DIM T(8),V(12),T1(6,2),M(12),W(3),W1(3),W2(3),P0(13,9),P1(13,3),F(11),R1(11),
D(11,12),F(11,12),P3(12)
30 CLS: INPUT "No.de estacas <=11";C1
40 FOR C=1 TO C1
50 CLS: PRINT "ESTACA";C
60 PRINT
70 INPUT "No. de trapezios <=5            ";P0(C,8)
80 IF P0(C,8)=0 THEN 200
90 INPUT "No. de div. dos trapezios (N3)":P0(C,9)
100 PRINT
110 FOR K=0 TO (P0(C,8)-1)
120 CLS: PRINT"Estaca";C
130 PRINT:PRINT "Trapezio No.";K+1
140 INPUT "DS (cm)";D(C,2*K+1)
150 INPUT "FS (kN/cm)";F(C,2*K+1)
160 PRINT
170 INPUT "DI (cm)";D(C,2*(K+1))
180 INPUT "FI (kN/cm)";F(C,2*(K+1))
190 NEXT K
200 INPUT "Raio do fuste (cm)";R1(C)
210 INPUT "Raio da base  (cm)";R1(C)
220 P0(C,1)=1
230 PRINT:PRINT"No. de divisoes da base"
240 INPUT "N1";P0(C,2)
250 INPUT "N2";P0(C,3)
260 INPUT "Carga na ponta (kN)";P0(C,4)
270 PRINT "Coordenadas de ponta"
280 INPUT "X(cm)";P0(C,5)
290 INPUT "Y(cm)";P0(C,6)
300 INPUT "Z(cm)";P0(C,7)
310 NEXT C
320 CLS:INPUT"No.pontos onde se quer recalque";C2
330 FOR J=1 TO C2
340 CLS:PRINT"Coordenadas do ponto No.";J
350 PRINT
360 INPUT "X(cm)";P1(J,1)
370 INPUT "Y(cm)";P1(J,2)
380 INPUT "Z(cm)";Z9
390 IF Z9<>0 THEN 410
400 Z9=.001
410 P1(J,3)=Z9
420 NEXT J
430 CLS:INPUT"No.de camadas do terreno<=9";N0
440 PRINT"Prof(cm)    Young(kN/cm2)   Poisson"
450 FOR I1=1 TO N0
460 INPUT T(I1+1)
470 LOCATE (I1+2),12
480 INPUT T1(I1,1)
490 LOCATE (I1+2),28
500 INPUT T1(I1,2)
510 NEXT I1
520 CLS:PRINT:PRINT:PRINT:PRINT:PRINT:PRINT:PRINT:PRINT:PRINT:PRINT"
     AGUARDE COM PACIENCIA ! ! !"
530 FOR C=1 TO C1
540 FOR G=1 TO C2
550 P3(C)=0
560 P1=P0(C,4)/(P0(C,2)*P0(C,3))
570 X=P1(G,1)-P0(C,5)
580 Y=P1(G,2)-P0(C,6)
590 R0=SQR(X^2+Y^2)
600 IF Y<>0 THEN 630
610 A2=0
620 GOTO 640
630 A2=ATN(X/Y)
640 O=3.1416/P0(C,2)
650 R1=(2/3)*(SIN(O)/O)*R(C)/SQR(P0(C,3)))
660 J=0:I=0
670 J=J+1
```

```
680 PO=A1*(J*SQR(J)-(J-1)*SQR(J-1))
690 I=I+1
700 B1=O*(2*I-1)
710 R=SQR(RO^2+PO^2-2*RO*PO*COS(B1))
720 C3=PO(C,7)
730 F9=1
740 GOSUB 1140
750 IF PO(C,4)=0 THEN 790
760 IF I<PO(C,5) THEN 690
770 I=0
780 IF PO(C,8)=0 THEN 1040
790 IF J<PO(C,5) THEN 670
800 F9=2
810 N=PO(C,2)
820 FOR K3=1 TO (2*PO(C,8))
830 F1(C,K3)=F(C,K3)/N
840 NEXT K3
850 FOR I4=1 TO PO(C,2)
860 B1=2*3.1416/N*I4
870 X3=X-R1(C)*SIN(B1-A2)
880 Y3=Y+R1(C)*COS(B1-A2)
890 R1=SQR(RO^2+R1(C)^2-2*RO*R1(C)*COS(B1))
900 FOR K2=0 TO (PO(C,8)-1)
910 FOR K1=1 TO PO(C,9)
920 DO=D(C,2*(K2+1))-D(C,2*K2+1)
930 P1=DO/(2*PO(C,9))
940 P2=(2*F1(C,2*K2+1)-((2*K1-1)/PO(C,9))*(F1(C,2*K2+1)-F1(C,2*(K2+1))))
950 P1=P1*P2
960 C4=2*F1(C,2*K2+1)-(F1(C,2*K2+1)-F1(C,2*(K2+1)))*((2*K1-1)/PO(C,9))
970 C5=2*F1(C,2*K2+1)-(F1(C,2*K2+1)-F1(C,2*(K2+1)))*((1-3*K1)/(3*PO(C,9)))
980 C3 =D(C,2*K2+1)-DO*(K1-1)/PO(C,9)+(DO/PO(C,9))*C5/C4
990 P3(C)=P3(C)+P1
1000 GOSUB 1140
1010 NEXT K1
1020 NEXT K2
1030 NEXT I4
1040 W2(G)=W(G)+W1(G)
1050 NEXT G
1060 NEXT C
1070 CLS:PRINT[illegible] R E S U L T A D O S [illegible]
1080 PRINT"[illegible]
1090 FOR I5=1 TO 12
1100 PRINT USING"# ###   #.###   #.###   #.###   #.###   #.###";I5[illegible]
5-2);P1(I5,3);W(I5);W1(I5);W2(I5)
1110 NEXT I5
1120 PRINT:INPUT"QUER IMPRESSO EM PAPEL (S/N)";I$
1130 IF I$="S" THEN 1510 ELSE 1730
1140 REM "ROTINA DO MINDLIN"
1150 FOR G1=1 TO NO
1160 IF P1(G,2)<T(G)+1) THEN 1180
1170 NEXT G1
1180 G2=T(G1)
1190 T(G1)=P1(G,3)
1200 FOR K=G1 TO NO
1210 BO=(P1/C5)*((1+T1(K,2))/(T1(K,2))*(1/(8*3.1416*(1-T1(K,2)))))
1220 J2=0
1230 FOR L=K TO K+1
1240 IF T(L)=C3 THEN 1260
1250 GOTO 1270
1260 C2=T(L, 4)
1270 M=T(L)/C3
1280 W1=3-4*T1(K,2)
1290 W2=8*T(1-T1(K,2))^2)-W1
1300 W3=(M-1)^2
1310 W4=W1*(M+1)^2)-2*M
1320 W5=(6*M)*(M+1)^2)
1330 N8=R/C3
1340 A=SQR(N8^2+(M-1)^2)
1350 B=SQR(N8^2+(M+1)^2)
```

```
1360 V(L)=((-1)^J2)*BO*(H1/A)+(W2/B)+[illegible]
1370 J2=J2+1
1380 A5=V(L)+V(L-1)
1390 NEXT L
1400 IF A5>0 THEN 1420
1410 A5=0
1420 IF F9=2 THEN 1470
1430 W(G)=W(G)+A5
1440 GOTO 1480
1450 T(G1)=G2
1460 GOTO 1500
1470 W1(G)=W1(G)+A5
1480 NEXT K
1490 T(G1)=G2
1500 RETURN
1510 REM "ROTINA DE IMPRESSAO"
1520 LPRINT CHR$(27);"@";
1530 LPRINT CHR$(14);
1540 LPRINT TAB(9)"RECALQUE DE ESTACAS"
1550 LPRINT:LPRINT TAB(20)"DADOS DE TERRENO (cm,kN cm2)"
1560 LPRINT TAB(20)"Prof.   Mod.Young   Coef.Poisson"
1570 FOR I=1 TO NO
1580 LPRINT TAB(20)USING"####   #####       #.##";T(I+1);T1(I,1);T1(I,2)
1590 NEXT I
1600 LPRINT:LPRINT TAB(20)"DADOS DAS ESTACAS (cm,kN)"
1610 LPRINT TAB(20)"Ponta     Coordenadas X,Y,Z          RP      RF     Rb"
1620 FOR I=1 TO C1
1630 LPRINT TAB(20)USING"  ##   ####.## ####.##   ####.##   ######   ###.##   ###.##"
;I;PO(I,5);PO(I,6);PO(I,7);PO(I,4);R1(I);R(I)
1640 NEXT I
1650 LPRINT TAB(20)"Atrito lateral (cm,kN/cm)"
1660 LPRINT TAB(20)"Est.  Prof.     FS"
1670 FOR I=1 TO C1
1680 FOR K=0 TO PO(I,8)-1
1690 LPRINT TAB(20)USING"##  #####  ####.##";I;D(I,2*K+1);F(I,2*K+1)
1700 LPRINT TAB(20)USING"##  #####  ####.##";I;D(I,2*(K+1));F(I,2*(K+1))
1710 NEXT K
1720 NEXT I
1730 LPRINT:LPRINT TAB(20)"R E S U L T A D O S  (cm)"
1740 LPRINT TAB(20)"Pto Coordenadas(X,Y,Z)      r(ponta) r(atr) r(total)"
1750 FOR I3=1 TO C2
1760 LPRINT TAB(20)USING"# ####  ####  ####         #.###   #.###   #.###";I3;P1(
I3,1);P1(I3,2);P1(I3,3);W(I3);W1(I3);W2(I3)
1770 NEXT I3
1780 END
```

Exemplo 5.2:

Calcular o recalque de topo de uma estaca de concreto armado, com seção vazada, cujas características estão indicadas na figura a seguir. Nessa figura também se indicam as características de deformabilidade do solo onde se encontram a estaca e os diagramas de transferência de carga, acumulado [$P\ell(z)$], e de carga axial [$N(z)$], ao longo da estaca.

Admitir que a transferência de carga para o solo se processe de forma triangular e crescente com a profundidade no 1º trecho, constante no 2º, e trapezoidal no 3º, com valor FS = 0,5 kN/cm no topo do trecho.

Solução:

Os dados de entrada, para o processamento do programa de recalque, estão apresentados na Tabela 5.4. Nessa tabela também se mostram, em forma de gráfico, os valores de FS (carga/comprimento) correspondentes às cargas transferidas para o solo, em cada trecho, de acordo com as hipóteses do enunciado do exercício.

Esse diagrama é obtido de modo que a área correspondente a cada trecho seja igual à respectiva carga transferida. Assim, para o 1º trecho, cujo comprimento é de

400 cm, e a carga transferida é de 40 kN, os valores de FS, no início e no fim do trecho, serão obtidos pela expressão:

$$\frac{FS(1)+FS(2)}{2}\times 400 = 40$$

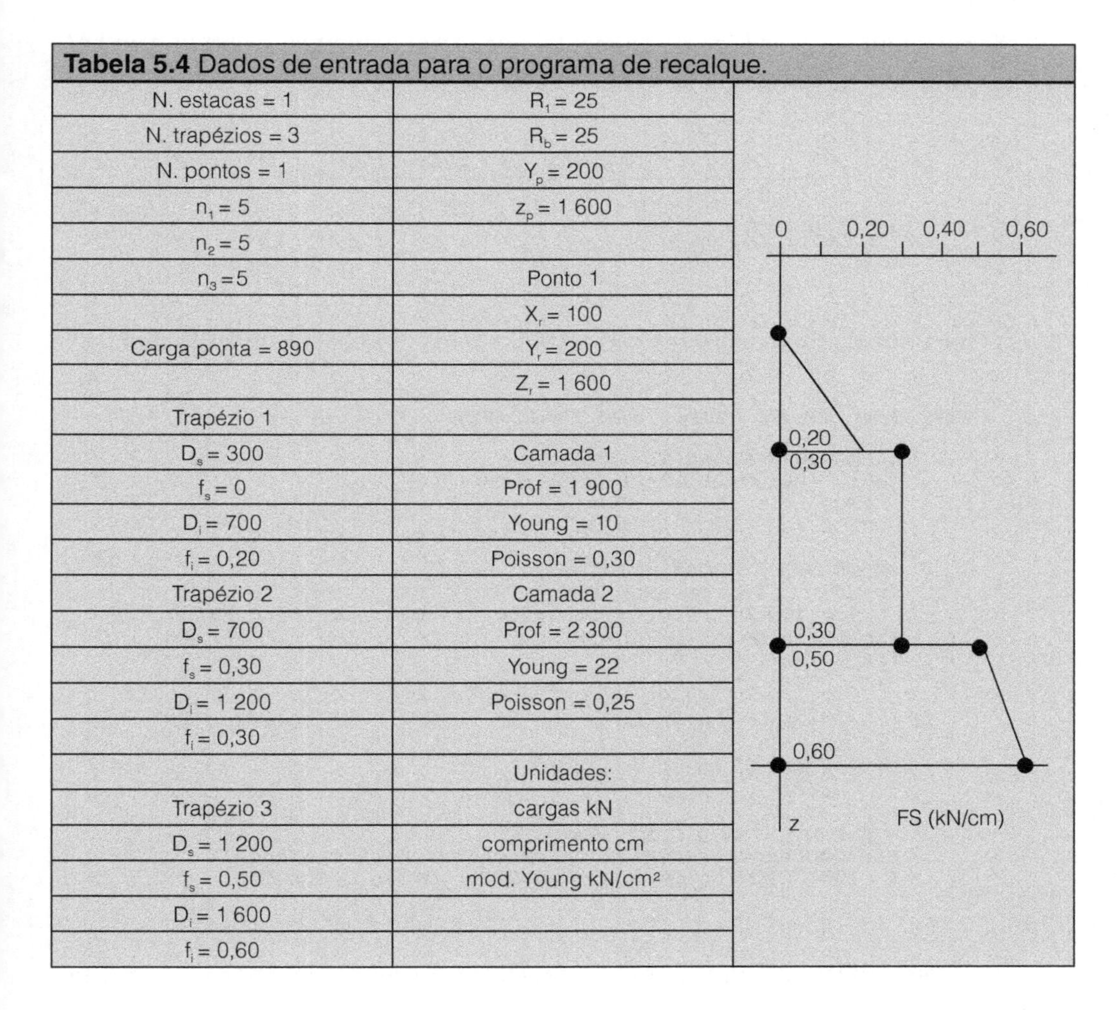

Tabela 5.4 Dados de entrada para o programa de recalque.

N. estacas = 1	R_1 = 25
N. trapézios = 3	R_b = 25
N. pontos = 1	Y_p = 200
n_1 = 5	z_p = 1 600
n_2 = 5	
n_3 =5	Ponto 1
	X_r = 100
Carga ponta = 890	Y_r = 200
	Z_r = 1 600
Trapézio 1	
D_s = 300	Camada 1
f_s = 0	Prof = 1 900
D_i = 700	Young = 10
f_i = 0,20	Poisson = 0,30
Trapézio 2	Camada 2
D_s = 700	Prof = 2 300
f_s = 0,30	Young = 22
D_i = 1 200	Poisson = 0,25
f_i = 0,30	
	Unidades:
Trapézio 3	cargas kN
D_s = 1 200	comprimento cm
f_s = 0,50	mod. Young kN/cm²
D_i = 1 600	
f_i = 0,60	

Como nesse trecho a distribuição é triangular, crescente com a profundidade, o valor de FS(1) = 0, e, portanto, o valor de FS(2) será:

$$FS(2) = 2\times\frac{40}{400} = 0,2\ \text{kN/cm}$$

Analogamente, se calculam os valores de FS para os demais trechos:

2° trecho: constante $\rightarrow FS(1) = FS(2) = \frac{150}{500} = 0,3\ \text{kN/cm}$

3° trecho: trapezoidal com $FS(1) = 0,5\ \text{kN/cm} \rightarrow FS(2) = 2\times\frac{220}{440} = 0,6\ \text{kN/cm}$

Para se calcular o recalque do topo da estaca, deve-se calcular o recalque do pé da mesma r_s e somar ao mesmo o encurtamento elástico r_p do elemento estrutural da estaca, como se mostrou na Figura 5.23b.

O recalque do pé da estaca é apresentado no resultado do processamento do programa de recalque mostrado a seguir. Seu valor é 0,898 cm.

O encurtamento elástico do elemento estrutural da estaca é obtido com base na lei de Hooke e no diagrama de carga axial N(z).

$$r_p = \frac{1}{1\,159 \times 2\,100}\left[\frac{1\,300+1\,260}{2} \times 400 + \frac{1\,260+1\,100}{2} \times 500 + \frac{1\,110+890}{2} \times 400\right] = 0{,}617 \text{ cm}$$

O recalque do topo da estaca será: 0,898 + 0,617 = 1,515 cm ou 15,15 mm.

```
RECALQUE DE ESTACAS

    DADOS DE TERRENO (cm,kN/cm2)
    Prof.  Mod.Young   Coef.Poisson
     1900      10         0.30
     2300      22         0.25

    DADOS DAS ESTACAS (cm,kN)
    Ponto      Coordenadas X,Y,Z             PP      Rf      Rb
      1    100.00  200.00  1600.00           890   25.00   25.00
    Atrito lateral (cm,kN/cm)
    Est.  Prof.      FS
     1     300      0.00
     1     700      0.20
     1     700      0.30
     1    1200      0.30
     1    1200      0.50
     1    1600      0.60

    R E S U L T A D O S  (cm)
    Pto Coordenadas(X,Y,Z)       r(ponta) r(atr) r(total)
    1  100   200  1600           0.852    0.046   0.898
```

Existem outros métodos para a previsão de recalque de estacas, como, por exemplo, o proposto por Verbrugge, que está resumido na tese de mestrado de Miranda Jr. (1990). Nessa tese também se apresenta um programa, em BASIC, para a aplicação desse método.

5.10 INFLUÊNCIA DA RIGIDEZ DA ESTRUTURA NOS RECALQUES

Os cálculos de recalque até aqui apresentados não levam em conta o trabalho conjunto da estrutura com a fundação. Para que isso seja possível, torna-se necessário um cálculo interativo. Esse cálculo pode ser feito, por exemplo, adotando-se o roteiro proposto por Aoki (1987) e a seguir exposto.

Seja uma estrutura como a indicada na Figura 5.24. Essa estrutura tem uma parte que se situa acima do nível do terreno (N.T.), e outra, abaixo. Para efeito de raciocínio, será suposto que a parte abaixo do nível do terreno é constituída por estacas solidarizadas por blocos rígidos, isto é, sob a ação das cargas, o bloco sofre deformações desprezíveis comparadas com as deformações das estacas.

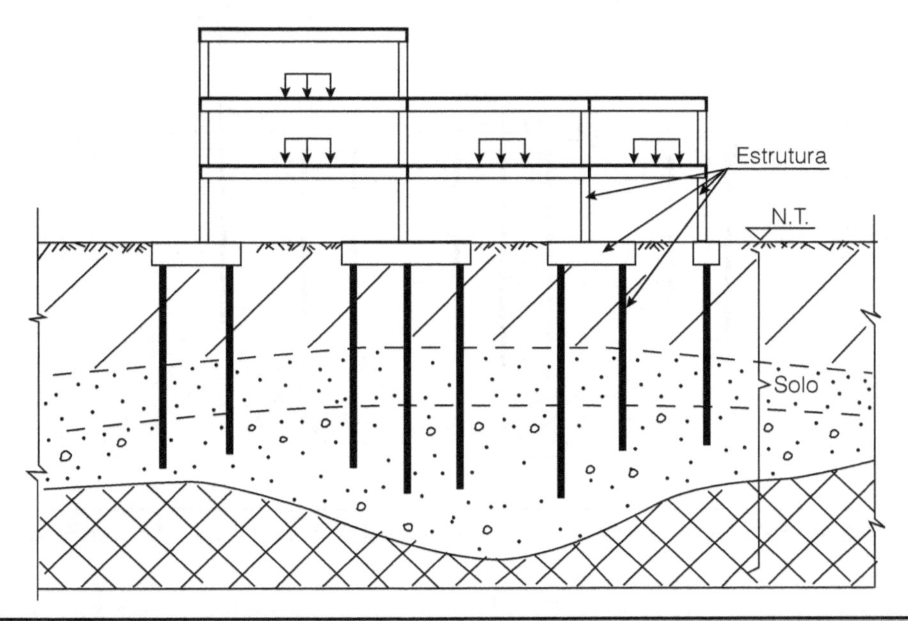

Figura 5.24 – Estrutura e solo.

O primeiro problema a resolver é o cálculo do recalque de um grupo de estacas solidarizadas por um bloco rígido. Isso pode ser feito, por exemplo, utilizando-se os métodos de Schiel ou de Nokkentved, cujo resumo pode ser encontrado no Capítulo 2 da obra do autor Alonso (1988). O cálculo do recalque, levando-se em conta a interação, será iniciado supondo-se que o trecho da estrutura acima do nível do terreno se liga a nós indeslocáveis (Figura 5.25a), ou quando ocorrerem recalques, que se mantenham de modo que a distorção angular seja praticamente nula. Com base nessa hipótese, calculam-se os primeiros valores das reações de apoio (Ni, Hi e Mi). Essas reações, assim calculadas, passam a ser as ações sobre os blocos (Figura 5.25b), que sofrerão recalques, não mais uniformes. Não sendo os recalques diferenciais nulos (hipótese que foi usada para calcular as reações da Figura 5.25a), há a necessidade de se reprocessar o cálculo. Assim, os recalques calculados na Figura 5.25b são agora impostos à estrutura (Figura 5.26a) e recalculadas as novas reações (N'_i, H'_i e M'_i), que passarão a ser as novas ações nos blocos (Figura 5.26b) para o cálculo dos novos recalques r'_i. Esse procedimento é repetido até que haja convergência nos valores dos recalques (ou das cargas), obtidos em dois cálculos consecutivos.

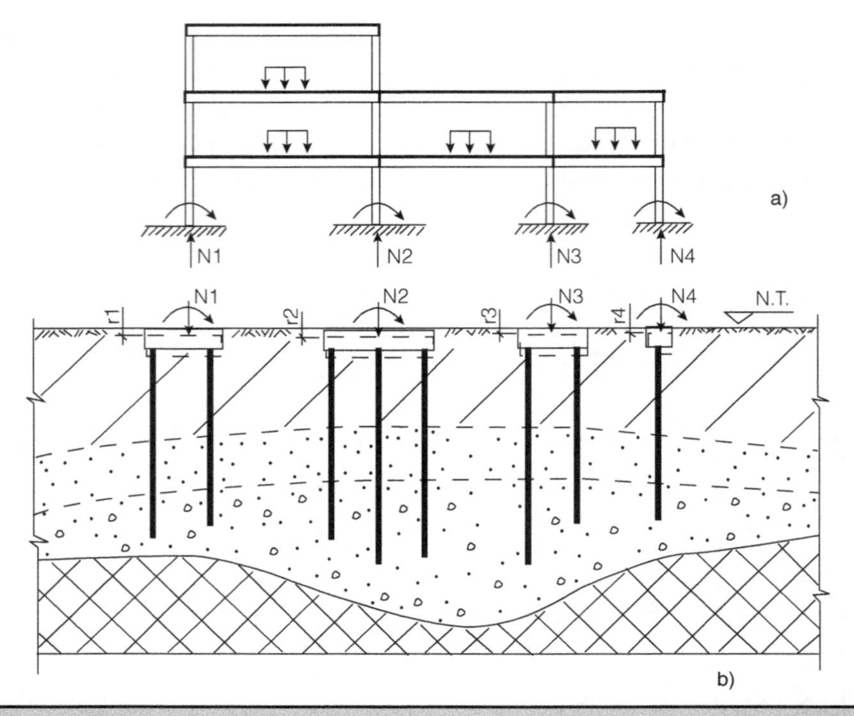

Figura 5.25 – Cálculo para interação com $r_i = 0$ da estrutura acima do N.T.

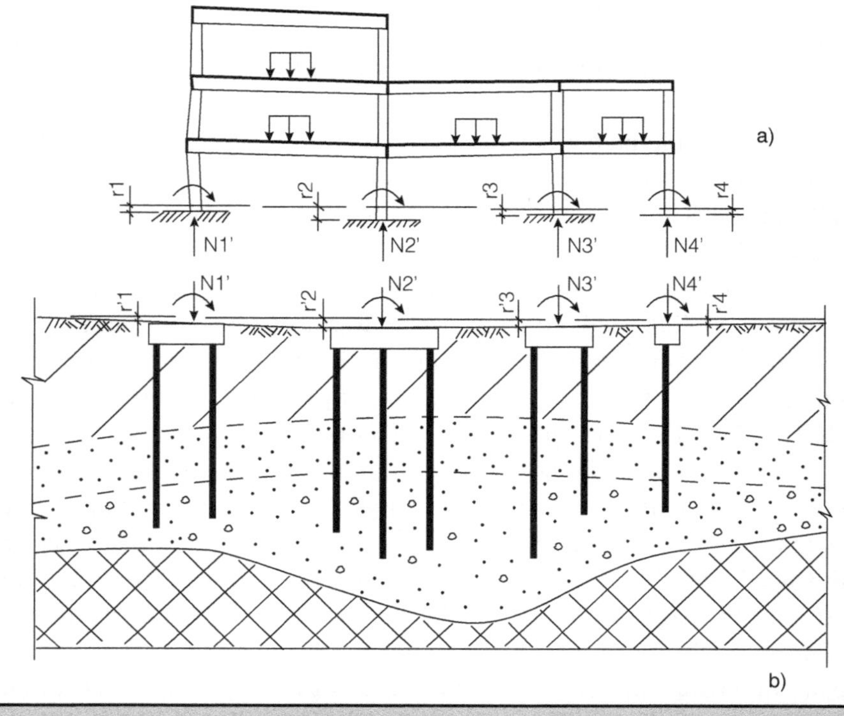

Figura 5.26 – Imposição dos recalques r_i à estrutura.

Esse procedimento, embora trabalhoso, é possível nos dias de hoje graças a ampla utilização de microcomputadores como ferramentas corriqueiras de trabalho do engenheiro. Um exemplo, extraído de Aoki (1987), utilizando esse procedimento de cálculo é apresentado na Figura 5.27. Nessa figura apresentam-se as reações de apoio, quando o cálculo é feito sem levar em conta a interação e quando se leva em conta a interação, mostrando que os pilares extremos, para o tipo de solo e de estrutura estudados, praticamente dobraram de carga, neste exemplo.

Em Zeevaert (1980) e Gusmão (1990), também se encontram estudos levando em conta a interação solo-estrutura.

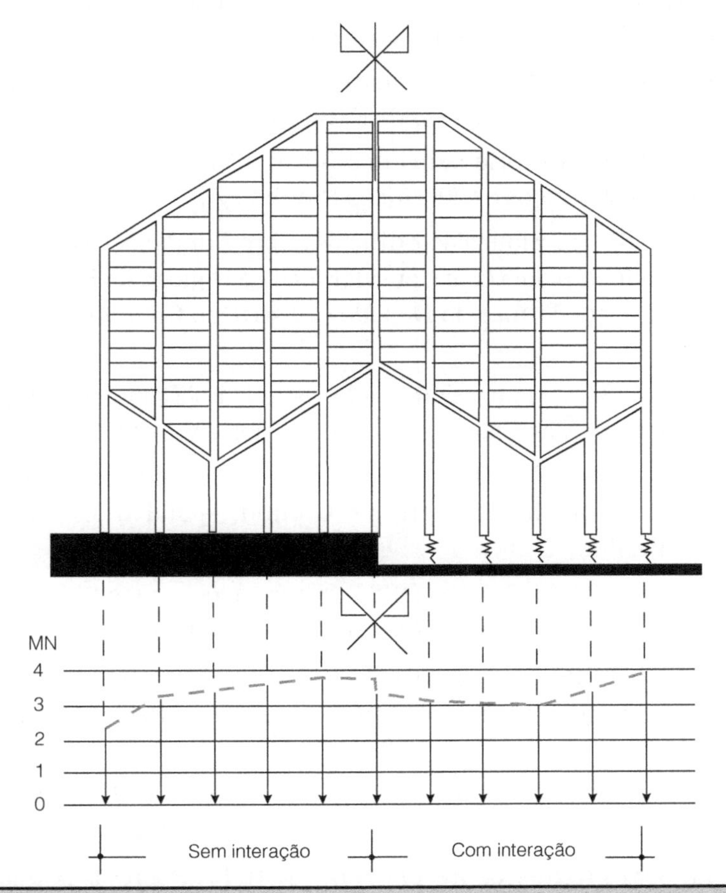

Figura 5.27 – Comparação das reações com e sem interação (*apud* Aoki).

5.11 REFERÊNCIAS

ABCP (1967) "Vocabulário de Teoria de Estruturas".

ALONSO, U. R. (1980) "Correlações entre Resultados de Ensaios de Penetração Estática e Dinâmica para a Cidade de São Paulo" – *Rev. Solos e Rochas*, dez.

ALONSO, U. R. (1988) "Dimensionamento de Fundações Profundas" – Editora Blucher.

AOKI, N. (1979) "Considerações Sobre Projeto e Execução de Fundações Profundas" – Sociedade Mineira de Engenheiros – Belo Horizonte.

AOKI, N. (1985) "Considerações Sobre Previsão e Desempenho de Alguns Tipos de Fundações Profundas sob a Ação de Cargas Verticais" – Simpósio Teoria e Prática de Fundações Profundas – Porto Alegre.

AOKI, N. (1987) "Modelo Simples de Transferência de Carga de Estaca Vertical Sujeita a Carga Axial de Compressão" – Ciclo de Palestras Sobre Engenharia de Fundações – ABMS – Núcleo Regional do Nordeste.

AOKI, N. e LOPES. F. R. (1975) "Estimating Stressand Settlements Deep Foundations by Theory of Elasticity" – V PCSMFE, Buenos Aires.

BARATA, F. E. (1984) "Propriedades dos Solos – Uma Introdução ao Projeto de Fundações" – Livros Técnicos e Científicos Editora SA.

BARATA. F. E. (1986) "Recalques de Edifícios Sobre Fundações Diretas emTerrenos de Compressibilidade Rápida e com Consideração da Rigidez da Estrutura" – Tese de Concurso para Professor Titular do Dep. de Construção Civil do Setor de Geomecânica da EEUFRJ.

BOUSSINESQ, J. (1885) "Application des Potentiels à l'Étudde de l'Equilibre et du Mouvement des Solides Élastiques" – Paris, Gauthier – Villard.

BOROWICKA, H. (1938) "The Distribution of Pressure under e Uniformily Loaded Elastic Strip Resting on Elastic Isotropic Ground" – 2nd Inter. Ass. Bridge and Structural Eng., Berlim.

DANZIGER, B. R. e VELLOSO, D. A. (1986) "Correlações entre SPT e os Resultados de Penetração Contínua" – VIII COBRAMSEF – Porto Alegre.

GUSMÃO, A. D. e LOPES, F. R. (1990) "Um Método Simplificado para Consideração da Interação Solo-Estrutura em Edificações" – 6° CBGE / IX COBRAMSEF – Salvador.

GUSMÃO, A. D. e GUSMÃO FILHO, J. A. (1990) "Um Caso Prático dos Efeitos da Interação Solo-Estrutura em Edifícios" – 6° CBGE / IX COBRAMSEF – Salvador.

MASSAD, F. (1985) "Progressos Recentes dos Estudos Sobre as Argilas Quaternárias da Baixada Santista" ABMS – Núcleo Regional de São Paulo.

MASSAD, F. (1988) "História Geológica e Propriedades dos Solos das Baixadas – Comparação entre Diferentes Locais da Costa Brasileira", Simpósio sobre Depósitos Quaternários das Baixadas Litorâneas Brasileiras – ABMS – Núcleo Regional do RJ.

MINDLIN, R. D. (1936) "Forces at a Point in the Interior of a Semi-Infinite Solid", Physics.

MIRANDA, JR. G. (1990) "A Escolha do Módulo de Elasticidade do Solo para Previsão de Recalques de Estacas" – Dissertação de Mestrado – Escola Politécnica da USP.

PERLOFF, W. H. (1975) "Pressure Distribution and Settlement", cap. 4 do livro *Foundation Engineering Handbook* – editado por Hans F. Winterkorn e Hsai-Yang Fang (Van Nostrand Reinhold Company).

POULOS, H. G. e DAVIS, E. H. (1974) "Elastic Solutions for Soil and Rock Mechanics" – John Wiley & Sons.

POULOS. H. G. (1975) "Settlement Analysis of Structural Foundation Systems" – Civil Eng., University of Sidney, Austrália.

RESENDIZ, D. et al. (1967] "The Elastic Properties of Satured Clays from Field and Laboratory Measurements" – 3rd PCSMFE – Caracas.

SKEMPTON, A. W. (1957) "A Contribuition to Settlement Analysis of Foundations on Clay" – *Geotechinique* n. 7.

STEINBRENNER. W. (1934) "Tafeln Zur Setzungsberechung" – Die Strasse, ver também Procedings International Conference Soil Mechanics, Cambridge, 1935.

TERZAGHI, K. (1945) "Theoretical Soil Mechanics" – Wiley & Sons.

TIMOSHENKO, S. (1934) "Theory of Elasticity" – McGraw Hill – New York.

VARGAS, M. (1977) "Introdução à Mecânica dos Solos" – Editora da Universidade de São Paulo.

VARGAS, M. (1985) "Análise do Comportamento de Estacas Verticais Isoladas" – SEFE / São Paulo.

ZEEVAERT, L. (1980) "Interacción Suelo Estrutura de Cimentación" – Editorial Limusa, México.

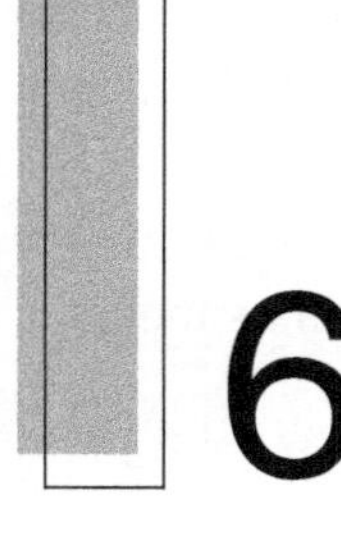

6 CONTROLE *IN SITU* DA CAPACIDADE DE CARGA

6.1 INTRODUÇÃO

Conforme se expôs no Capítulo 4, a capacidade de carga contra a ruptura de uma fundação corresponde ao menor dos dois valores abaixo:

a) resistência do elemento estrutural da peça que compõe a fundação;

b) resistência do solo adjacente ao elemento estrutural e que lhe dá suporte.

Dessa forma, o controle de capacidade de carga de uma fundação engloba a análise da qualidade e integridade dos materiais que comporão seus elementos estruturais, verificação das profundidades por estes atingidos, garantia de sua continuidade estrutural, bem como aferição da interação destes elementos estruturais com o solo.

Para se efetuar esse controle, dividem-se as fundações em dois grandes grupos: aquelas que impõem deslocamentos da massa de solo durante sua instalação e aquelas que não impõem.

No primeiro grupo incluem-se, por exemplo, as estacas cravadas por percussão e por prensagem, utilizando peças maciças, peças vazadas com a ponta fechada ou mesmo peças vazadas com a ponta aberta, se o solo "embuchar" durante sua instalação.

Exemplos de fundações do segundo grupo são as sapatas, as estacas escavadas e os tubulões.

Cabe ainda lembrar que para esse controle da capacidade de carga das fundações profundas constituídas por estacas, a classificação tradicional que as agrupa em fuste pré-fabricado e fuste moldado *in loco* não é a mais adequada, pois ao se controlar a capacidade de carga das estacas que provocam deslocamentos de solo durante sua instalação, sejam elas de fuste pré-fabricado ou moldado *in loco*, há que se controlar, além da capacidade de carga, também a ocorrência ou não de levantamento das estacas já instaladas, para não deixar que os problemas mencionados na Figura 3.22 do Capítulo 3 ocorram. Além disso, há que controlar, ainda, os fenômenos de **relaxação** (perda de capacidade de carga com o tempo) e de **cicatrização** (ganho de capacidade de carga com o tempo), face às mudanças das características de resistência do solo provocadas pelos deslocamentos impostos pelas estacas ao mesmo. Os controles terão de ser feitos seguindo-se as recomendações da norma NBR 6122 (itens 8.5.1 e 8.5.2).

Dentre as estacas, as cravadas por prensagem (tipo Mega) são as que melhor permitem controlar a capacidade de carga, durante sua instalação, pois as mesmas permitem medir, individualmente, as cargas a elas aplicadas.

6.2 PROVAS DE CARGAS ESTÁTICAS

As provas de carga estáticas são realizadas aplicando-se cargas à fundação (ou ao protótipo, como acontece nos ensaios de placa para se estimar a tensão admissível de sapatas), concomitantemente com a medida dos recalques correspondentes. Para a aplicação da carga, utiliza-se um sistema de reação, como já se mostrou na Figura 4.2 do Capítulo 4. Esse procedimento de controle da capacidade de carga ainda é a melhor maneira de se comprovar a resistência-limite de uma fundação isolada, principalmente se a mesma for profunda (estaca ou tubulão). Entretanto, face ao custo e ao tempo necessários para sua realização, raramente permitem abranger um número significativo de elementos que possa ser considerado representativo, estatisticamente, de toda a fundação. Além disso, se as fundações forem do tipo moldadas *in loco*, essas provas de carga somente poderão ser realizadas após a cura do concreto. Esse tempo poderá ser reduzido usando-se aditivos aceleradores de resistência.

Normalmente, as provas de carga são realizadas individualmente sobre cada elemento isolado da fundação. Porém, o ideal seria testar o grupo de elementos que compõe cada bloco. Isso, porém, só é feito em alguns casos especiais.

6.3 CONTROLE PELA "NEGA"

No caso de estacas cravadas à percussão (pré-moldadas, metálicas, tipo Franki etc.), costuma-se fazer o controle da capacidade de carga, durante a cravação, pela "nega". A "nega" é uma medida tradicional, embora, hoje em dia, outros procedimentos de controle da capacidade de carga estejam, também, fazendo parte de procedimentos rotineiros de obra. A "nega" corresponde à penetração permanente da estaca, quando sobre a mesma se aplica um golpe do pilão. Em geral é obtida como um décimo de penetração para dez golpes.

No caso de estacas tipo Franki, a "nega" é obtida ao final da cravação do tubo. Por essa razão, não é propriamente um controle da capacidade de carga da estaca, visto que a mesma só ficará concluída após a execução da base alargada e da remoção do tubo, concomitantemente com a concretagem do fuste. Nesse tipo de estaca, também se controla a energia empregada na introdução de volumes prefixados, de concreto seco, durante a confecção de sua base alargada, conforme prescrição da norma NBR 6122:2010 em seu Anexo H.

Para as estacas escavadas (com ou sem lama bentonítica), as estacas Strauss, as microestacas, as estacas de hélice contínua e os tubulões, não existe um procedimento rotineiro de medida de resistência (analogamente à nega) que permita, durante sua instalação, estimar a capacidade de carga. Nesses casos, recorre-se à experiência da firma e da equipe envolvida no projeto e execução. A fixação da cota de apoio desses tipos de fundação é baseada, fundamentalmente, nas investigações geotécnicas disponíveis (sondagens à percussão ou outros ensaios) e, portanto, estas devem ser de qualidade confiável e em número suficiente para permitir a tomada de decisões durante a execução.

Todas as fórmulas de controle pela nega foram estabelecidas comparando-se a energia disponível no topo da estaca com aquela gasta para promover a ruptura do solo, em decorrência de sua cravação, somada às perdas, por impacto e por atrito, necessárias para vencer a inércia da estaca imersa na massa do solo.

$$W \cdot h = R \cdot s + \text{perdas} \qquad (6.1)$$

em que:

W = peso do pilão;

h = altura de queda do pilão;

R = resistência do solo à penetração da estaca;

s = nega correspondente ao valor de h.

As críticas feitas às fórmulas empregadas na obtenção da "nega" são as seguintes:

- Essas fórmulas foram baseadas na teoria de choque de corpos rígidos, formulada por Newton, pressupondo-se que o corpo obedece à lei de Hooke e que a resistência é mobilizada inteiramente ao longo de toda a massa, em movimento, de forma instantânea. Essa hipótese pode ser aplicada, por exemplo, ao choque de bolas de bilhar, mas está longe da realidade do"movimento" de uma estaca sob a ação do choque do pilão.
- A resistência mobilizada pelos golpes do pilão nem sempre é suficiente para despertar a resistência máxima disponível que o solo pode oferecer.
- Os efeitos decorrentes do amolgamento, compactação e quebra da estrutura do solo não podem ser avaliados com um só teste, pois dependem do tempo.
- Existem fatores pouco conhecidos envolvidos no fenômeno, tais como a energia real aplicada à estaca (que é avaliada como uma percentagem do peso do pilão vezes a altura de queda) e a influência do coxim e do cepo instalados no capacete.
- Por ser rotina das firmas executoras de estacas registrar a nega no fuste do próprio elemento que está sendo cravado, raramente se dispõe de um docu-

mento de controle da qualidade, pois esse registro das negas é perdido quando se demole o trecho superior da estaca antes da concretagem do bloco de coroamento.

Apesar das críticas às fórmulas das negas, as mesmas têm uma aplicação no controle da uniformidade do estaqueamento quando se procura manter, durante a cravação, negas aproximadamente iguais para as estacas com cargas e comprimentos iguais. Entre as várias fórmulas de nega serão apresentadas apenas as duas mais divulgadas:

Fórmula de Brix

$$s = \frac{W^2 \cdot P \cdot h}{R \cdot (W + P)^2} \tag{6.2}$$

Fórmula dos Holandeses

$$s = \frac{W^2 \cdot h}{R \cdot (W + P)} \tag{6.3}$$

Nessas fórmulas, P representa o peso próprio da estaca, e R, a resistência oposta pelo solo à cravação da mesma. Na fórmula de Brix adota-se R igual a 5 vezes a carga admissível da estaca, e na Fórmula dos Holandeses, 10 vezes a carga admissível da estaca. As demais variáveis já foram definidas anteriormente.

Para as estacas pré-moldadas de concreto é comum se adotarem as seguintes energias de cravação, conforme Souza Filho e Abreu (1990).

$$W = 0{,}7 \text{ a } 1{,}2\ P \tag{6.4}$$

$$h \cong 0{,}7 \frac{P}{W} \tag{6.5}$$

A altura de queda h poderá ser aumentada até valores que conduzam a tensões dinâmicas de cravação, limitadas pela resistência característica do concreto da estaca. O cálculo das tensões causadas na estaca pelos golpes do pilão (tensões dinâmicas devidas à cravação) é apresentado no item 6.6 deste Capítulo. Normalmente não se deve ultrapassar tensões maiores que 85% da resistência característica do concreto da estaca, no instante da cravação.

Além disso, quando se usam elevados valores de h, e consequentemente altas tensões, a fretagem da cabeça da estaca, bem como o ajuste e alinhamento do sistema de cravação (pilão + capacete), tem fundamental importância na integridade da mesma. Nada adianta se ter uma estaca com bom concreto e bem fretada em sua cabeça se o pilão apresenta folgas em relação à torre "guia" e o capacete está muito folgado ou desalinhado com a estaca.

Exemplo 6.1:

Calcular a nega para 10 golpes de um pilão com 30 kN de peso, caindo de uma altura constante de 90 cm sobre uma estaca de concreto armado, vazada, com 42 cm de diâmetro externo, 26 cm de diâmetro interno, 15 m de comprimento e carga admissível de 1000 kN.

Solução:

$$P = \frac{\pi}{4}\left(0{,}42^2 - 0{,}26^2\right) \cdot 25 \cdot 15 = 32 \text{ kN}$$

$$h = 10 \text{ golpes de } 90 \text{ cm} = 900 \text{ mm}$$

$$\text{Brix: } R = 5 \times 1\,000 = 5\,000 \text{ kN}$$

$$s = \frac{30 \times 32 \times 900}{5\,000 \times (30+32)^2} = 1{,}35 \text{ cm ou } 13{,}5 \text{ mm}/(10 \text{ golpes})$$

$$\text{Holandeses: } R = 10 \times 1\,000 = 10\,000 \text{ kN}$$

$$s = \frac{30^2 \times 900}{10\,000 \times (30+32)} = 1{,}3 \text{ cm ou } 13 \text{ mm}/(10 \text{ golpes})$$

6.4 CONTROLE POR INSTRUMENTAÇÃO

A partir de 1983 iniciou-se, nas obras comuns de fundações, uma nova rotina de controle da carga mobilizada das estacas cravadas, monitorando-se as mesmas. Esse novo controle de campo está calcado na experiência adquirida na cravação de estacas para plataformas marítimas (estruturas *off-shore*). Porém, como a magnitude das cargas utilizadas neste tipo de estacas, seu diâmetro e comprimento são significativamente maiores do que os normalmente usados em obras comuns de fundações, houve necessidade de adaptar todo o conhecimento até então existente. É isso que foi feito a partir de 1983.

A monitoração consiste em acoplar à estaca um par de transdutores de deformação específica e um par de acelerômetros, posicionados diametralmente, para compensar eventuais efeitos de flexão devidos ao golpe do pilão sobre a estaca (Figura 6.1). No caso de estacas com $D \geq 80$cm, deve-se utilizar dois acelerômetros e quatro medidores de deformação específica. Esses instrumentos são ligados a um analisador PDA (*Pile Driving Analyser*) que está acoplado a um gravador de fita magnética e a um osciloscópio.

O PDA é um circuito eletrônico especial onde um microcomputador processa uma série de cálculos *on-line* durante cada golpe do pilão. Os sinais da aceleração e da deformação específica são processados como dados de entrada fornecendo, à saída, sinais de velocidade (integração da aceleração medida nos acelerômetros) e de força (aplicação da lei de Hooke ao sinal de deformação específica, medida nos transdutores). Um sinal típico é mostrado na Figura 6.3.

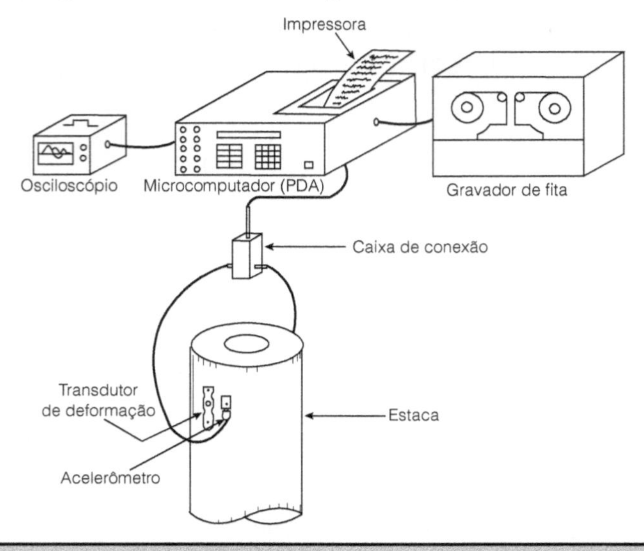

Figura 6.1 – Esquema básico de instrumentação no campo.

Nota: O esquema mostrado na Figura 6.1 corresponde ao esquema que era usual nos anos 1980 a 1990. Atualmente, o osciloscópio, o gravador de fita e a impressora estão presentes em um único equipamento (Figura 6.2).

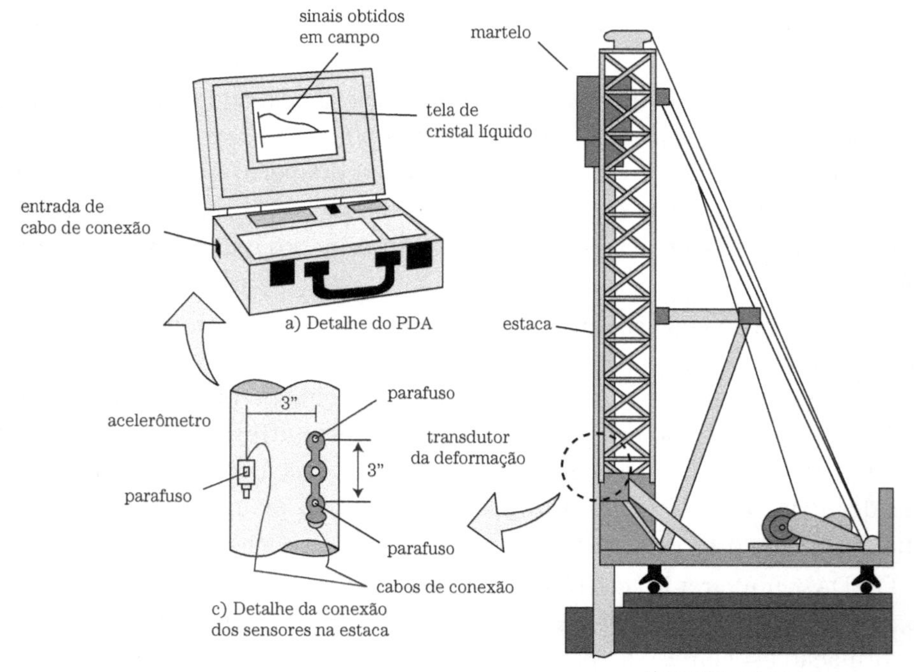

Figura 6.2 – Equipamento PDA atual.

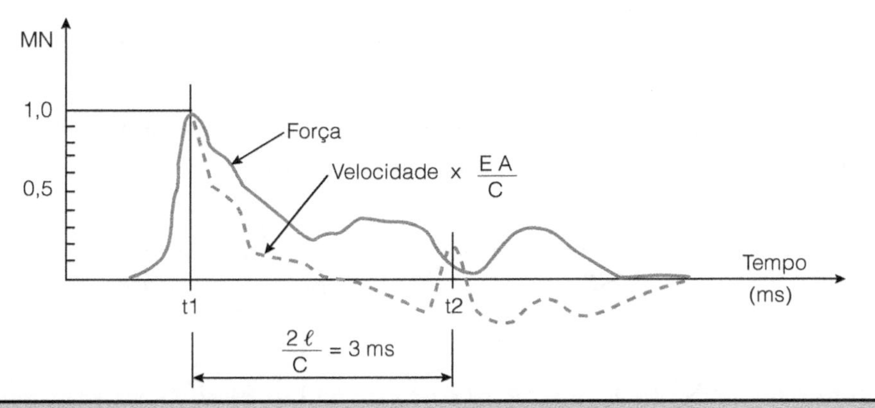

Figura 6.3 – Sinal típico.

Tomando-se como base a teoria da equação da onda, desenvolvida em 1960 por Smith, e os sinais de força e de velocidade, é possível determinar a carga mobilizada durante cada golpe do pilão.

Cabe lembrar que a carga mobilizada dependerá da energia que o pilão aplicará à estaca. No caso em que essa energia for suficiente para mobilizar toda a resistência disponível ao longo do fuste e sob a ponta da estaca, ter-se-á a carga de ruptura do solo que envolve a estaca. Entretanto, dependendo da resistência do material da estaca, poderá haver restrições quanto à altura de queda do pilão, e, portanto, a energia mobilizada poderá ser inferior a essa carga de ruptura. O mesmo poderá ocorrer se o pilão não tiver massa suficiente que permita mobilizar toda a energia resistente.

Para se estimar a carga mobilizada, costumam-se utilizar os métodos *CASE* e *CAPWAP* (ou, mais recentemente, o *CAPWAPC*). O primeiro é empregado no campo e permite avaliar, imediatamente após o golpe, a carga mobilizada. O segundo é realizado no escritório, utilizando-se os registros gravados na fita magnética, e permite calcular, além da carga mobilizada, sua distribuição ao longo do fuste e sob a ponta da estaca.

a) Método *CASE*

Com base nos sinais da Figura 6.3, pesquisadores da Case Reserve University desenvolveram um método de cálculo que permite obter a carga total mobilizada R = S + D, em que S é a resistência estática, e D a resistência dinâmica (Figura 6.4).

$$R = \frac{1}{2}(F_1 + F_2) + \frac{1}{2} \cdot \frac{E \cdot A}{c}(V_1 - V_2) \tag{6.6}$$

em que:

F_1 e V_1 = força e velocidade no tempo genérico t_1;

F_2 e V_2 = idem no tempo $t_1 + 2 \cdot \ell / C$;

ℓ = comprimento da estaca.

Nota: O valor $2 \cdot \ell / C$ é o tempo gasto pela onda para ir até o pé da estaca e voltar, por reflexão, até o topo (Figura 6.5).

Conhecida a carga total R, basta reduzir da mesma a resistência dinâmica D, para se obter a carga estática mobilizada S (Figura 6.4).

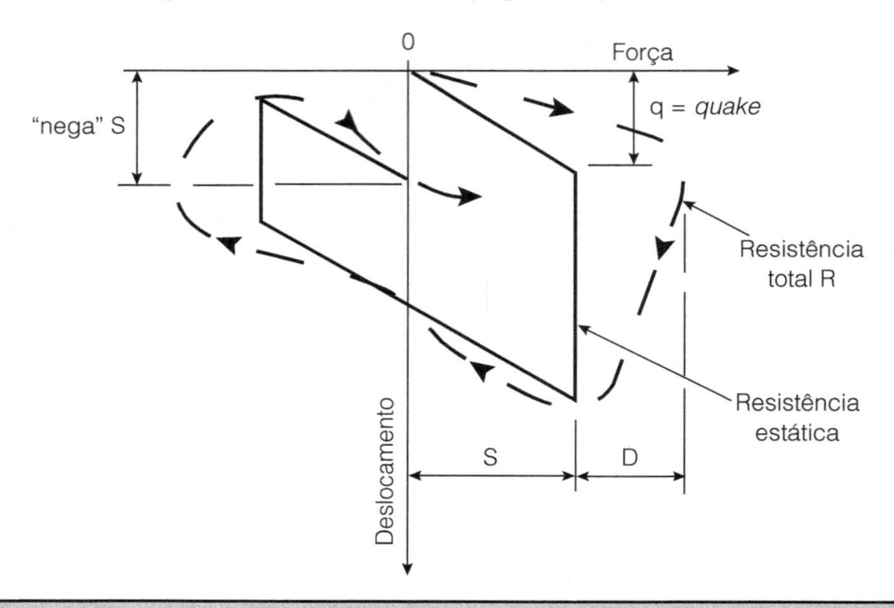

Figura 6.4 – Cargas estáticas + dinâmica.

Com base na teoria da equação da onda, e admitindo-se que haja proporcionalidade entre a resistência dinâmica D e a velocidade da ponta da estaca V_p, pode-se escrever:

$$D = J_c\left(2 \cdot F_1 - R\right) \quad (6.7)$$

Notas:

1) A constante EA/c é o fator da proporcionalidade entre a velocidade imposta à ponta da estaca e a força dinâmica correspondente. A essa constante denomina-se **"impedância"** da estaca, conforme se verá mais adiante.
2) A força máxima FMX é obtida pela expressão 6.11a, ou seja, FMX = $V_{máx}$ (EA/C), em que $V_{máx}$ é a velocidade máxima da partícula. A energia máxima aplicada à estaca é EMX = R (S + K/2), em que s é a nega e k o repique.
3) A constante J_c depende do tipo do solo onde está sendo cravada a ponta da estaca. Os valores propostos por Rausche e Goble (1985) são indicados na Tabela 6.1.

Tabela 6.1 Valores propostos para J_c.

Tipo de solo	J_c
Areia	0,05 a 0,20
Areia siltosa	0,15 a 030
Silte	0,20 a 0,45
Silte argiloso	0,40 a 0,70
Argila	0,60 a 0,10

4) Não confundir a velocidade de propagação da onda de choque (representada por c), que corresponde à velocidade com que a onda de tração ou de compressão se move ao longo da estaca, com a velocidade das partículas da seção da estaca (representada por v), que corresponde à velocidade de uma dada partícula da estaca quando atravessada por uma onda. A velocidade c, de propagação da onda, depende apenas das características dos materiais que compõem a estaca. Seu valor é dado por:

$$c^2 = \frac{E}{\rho} \tag{6.8}$$

em que E = módulo de elasticidade do material da estaca e ρ é a densidade específica de massa (relação entre o peso específico do material da estaca e aceleração da gravidade).

$$\rho = \frac{\gamma}{g} \tag{6.9}$$

para o concreto, $c \cong 3800$ m/s e, para o aço, $c \cong 5100$ m/s.

Se a estaca tem comprimento ℓ, o tempo necessário para a onda de choque se propagar até o pé da mesma será $t = \ell/c$. O tempo total, gasto pela onda para se propagar desde o topo da estaca até o pé e retornar até o topo, será $2\ell/c$, conforme se mostra na Figura 6.5. Ao se propagar a onda de choque pelo corpo da estaca, com velocidade c, ocorrerão deformações variáveis com o tempo, ou seja, as diversas seções da estaca serão aceleradas. A integração dessa aceleração fornecerá a velocidade v de cada seção em estudo.

A expressão 6.6, também pode ser escrita (ver, por exemplo, Rausche e Goble, 1985):

$$D = J_c\left(2 \cdot F_1 - R\right) \tag{6.6a}$$

e, portanto, a carga estática S = R – D será:

$$S = R - J_c\left(2 \cdot F_1 - R\right) \tag{6.10}$$

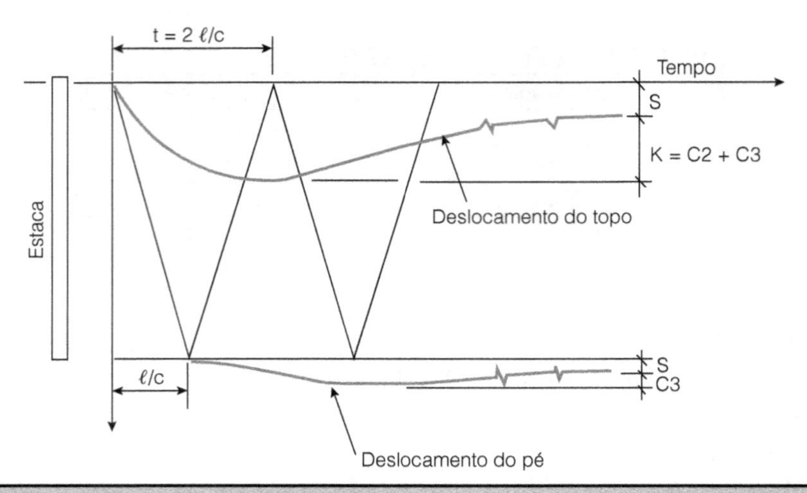

Figura 6.5 – Deslocamentos do topo e do pé da estaca.

Um exemplo de aplicação é apresentado a seguir.

Exemplo 6.2:

Calcular a carga estática mobilizada para o golpe indicado na Figura 6.3, sabendo-se que a ponta da estaca está em areia ($J_c = 0{,}1$).

Solução:

Da Figura 6.3 tem-se:

$$F_1 = 1000 \text{ kN}$$
$$F_2 = 50 \text{ kN}$$
$$V_1 \cdot (EA/c) = 1000 \text{ kN}$$
$$V_2 \cdot (EA/c) = 200 \text{ kN}$$

A carga R total será:

$$R = \frac{1}{2}(1000 + 50) + \frac{1}{2}(1000 - 200) = 925 \text{ kN}$$

A carga estática S será, de acordo com a equação (6.8):

$$S = 925 - 0{,}1(2 \times 1000 - 925) = 817{,}5 \text{ kN}$$

Para complementar essas considerações sobre o método *CASE*, cabe lembrar que nem sempre o tratamento matemático apresentado no exercício anterior, isto é, admitir o tempo t_1 no pico máximo da força (Figura 6.3), fornecerá o valor máximo da resistência R. Com efeito, se o solo onde se está cravando a estaca apresentar *quake* elevado (Figura 6.4) ou se a estaca for curta, a resistência pode não ser mobilizada na sua totalidade até o instante em que a primeira onda de tensão atinge a ponta da estaca (tempo ℓ/c após o impacto), resultando assim num valor subestimado da capacidade de carga.

A correção consiste em assumir o valor 2 ℓ/c como quantidade fixa e variar t_1 entre os tempos t_p e $t_p + 2\ \ell/c$, onde t_p corresponde ao instante do impacto. A resistência máxima encontrada nesse intervalo será a considerada correta.

b) Método *CAPWAP*

Simultaneamente com o desenvolvimento do método *CASE*, foi concebido e testado um método mais elaborado para a análise do comportamento das estacas durante a cravação. Esse método computacional, denominado *CAPWAP* (*Case Pile Wave Analysis Program*), utiliza, também, os registros da aceleração e da força no topo da estaca.

Nesse método, pode-se utilizar tanto a força quanto a aceleração (ou a velocidade obtida por integração) como condições de contorno. A análise é realizada por métodos comuns aos programas de equação da onda.

A estaca é modelada como uma séria de massas e molas, às quais se aplicam forças resistentes, conforme se indica na Figura 6.6.

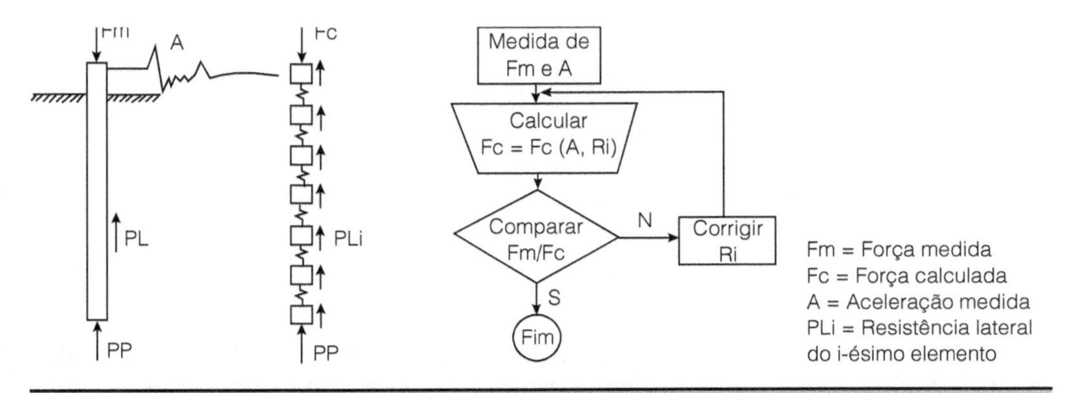

Figura 6.6 – Esquema de cálculo simplificado do método *CAPWAP*.

Durante o cálculo, os parâmetros do solo são estimados, após o que se simula o movimento da estaca, utilizando-se a aceleração medida na seção instrumentada como condições de contorno. O processamento fornece os deslocamentos de cada massa em que a estaca foi discretizada, bem como os valores da reação do solo. As forças calculadas no topo da estaca são comparadas com os valores medidos, e o processamento é repetido até que haja convergência entre os resultados. Como resultado desse modelo computacional, obtém-se a previsão da carga mobilizada durante o golpe do pilão, bem como sua distribuição ao longo da profundidade.

A equação diferencial que rege a propagação unidimensional da onda de choque longitudinal de uma barra é obtida pelo equilíbrio dinâmico de um segmento em qualquer instante (Figura 6.7).

Forças externas: $F = E \cdot A \cdot \frac{\partial u}{\partial x}$ (Lei de Hooke) (6.11)

Forças internas: $F_1 = m \cdot a = \rho \cdot A \cdot dx \cdot \frac{\partial^2 u}{\partial t^2}$ (Lei de Newton) (6.12)

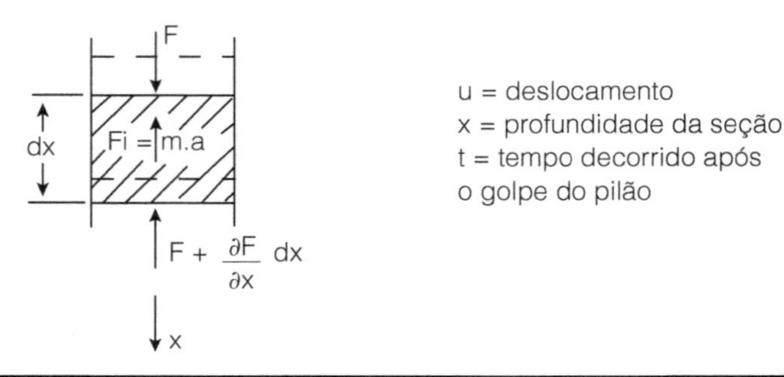

Figura 6.7 – Equilíbrio dinâmico.

Equilíbrio de forças: $\Sigma V = 0$

$$F - \rho \cdot A \cdot dx \frac{\partial^2 u}{\partial t^2} + F + \frac{\partial}{\partial x}\left(A \cdot E \cdot \frac{\partial u}{\partial x} \right) dx = 0$$

Como $\rho = \frac{E}{c^2}$ (ver expressão 6.8), a equação de onda unidimensional básica é:

$$\frac{\partial^2 u}{\partial x^2} - \frac{1}{c^2} \cdot \frac{\partial^2 u}{\partial t^2} = 0 \qquad (6.13)$$

Uma solução geral para o deslocamento u de uma partícula situada a uma distância x do topo da estaca, após decorrido um tempo t do golpe do pilão, é:

$$u(x,t) = g(x + ct) + f(x - ct) \qquad (6.14)$$

A equação (6.14) consiste de duas parcelas, g e f, que variam com o tempo, em cada seção à profundidade x. Essas parcelas podem ser interpretadas como a superposição de duas ondas, uma ascendente e outra descendente, que se propagam com velocidade constante, c. Em decorrência dessas ondas, aparecerão forças compressivas devidas à onda original descendente, as quais causarão velocidades proporcionais de partícula descendentes. Essa proporcionalidade entre força e velocidade pode ser obtida a partir da equação (6.11), bastando lembrar que, por definição, $c = \frac{\partial x}{\partial t}$ e $v = \frac{\partial u}{\partial t}$,

$$\frac{\partial u}{\partial x} = \frac{v}{c} \qquad (6.15)$$

Introduzindo (6.15) em (6.11), tem-se a força de compressão descendente em função da velocidade v.

$$F = \frac{E \cdot A}{c} \cdot v \qquad (6.11a)$$

A constante de proporcionalidade E · A/c é denominada **impedância da estaca**.

Admitindo a hipótese de que não haja resistência do solo sob a ponta da estaca quando a onda de choque chega ao pé da mesma, esta, ao não encontrar resistência de massa para acelerar, será, então, refletida. Como, por hipótese, a ponta da estaca está livre, a força na ponta será zero, e devido à necessidade de equilíbrio, uma força ascendente equivalente, com módulo igual à indicada na equação (6.11a), porém com sentido contrário, será gerada e passará a "puxar" as partículas da estaca para baixo. São essas forças de tração que costumam romper as estacas, quando as mesmas são cravadas através de argila muito mole (resistência de ponta praticamente nula), usando-se alturas de queda elevadas.

Várias considerações sobre forças induzidas nas estacas em função de sua transferência de carga para o solo podem ser encontradas, por exemplo, em Niyama (1983).

Tomando por base a equação diferencial (6.13), e utilizando métodos numéricos conforme Smith (1960), é possível se calcular todas as grandezas envolvidas na equação da onda (deslocamentos, forças, velocidades etc). Um programa computacional para essa solução é apresentado por Bowles (1977).

c) Programa *CAPWAPC*

Os programas de computador desenvolvidos nos fins dos anos 1960 e na década de 1970, pela Case Western Reserve University, em Cleveland, Ohio, EUA, utilizavam o modelo de Smith (Figura 6.6) e apresentavam resultados satisfatórios para estacas com comprimento máximo da ordem de 30 m. Para estacas com maiores comprimentos, esse modelo não era mais satisfatório, devido às imprecisões numéricas. No início dos anos 1980, com o aumento da necessidade de se analisarem estacas de fundações *off-shore*, o modelo de estaca foi subdividido em segmentos contínuos e um algoritmo de propagação de onda foi implementado no programa (Figura 6.8). No mais, o programa é análogo ao anterior, no qual os valores calculados (da velocidade ou da força na cabeça da estaca) são comparados com os medidos. O solo também é modelado por três parâmetros: resistência última, limite de deformação elástica (*quake*) e amortecimento dinâmico (*damping*).

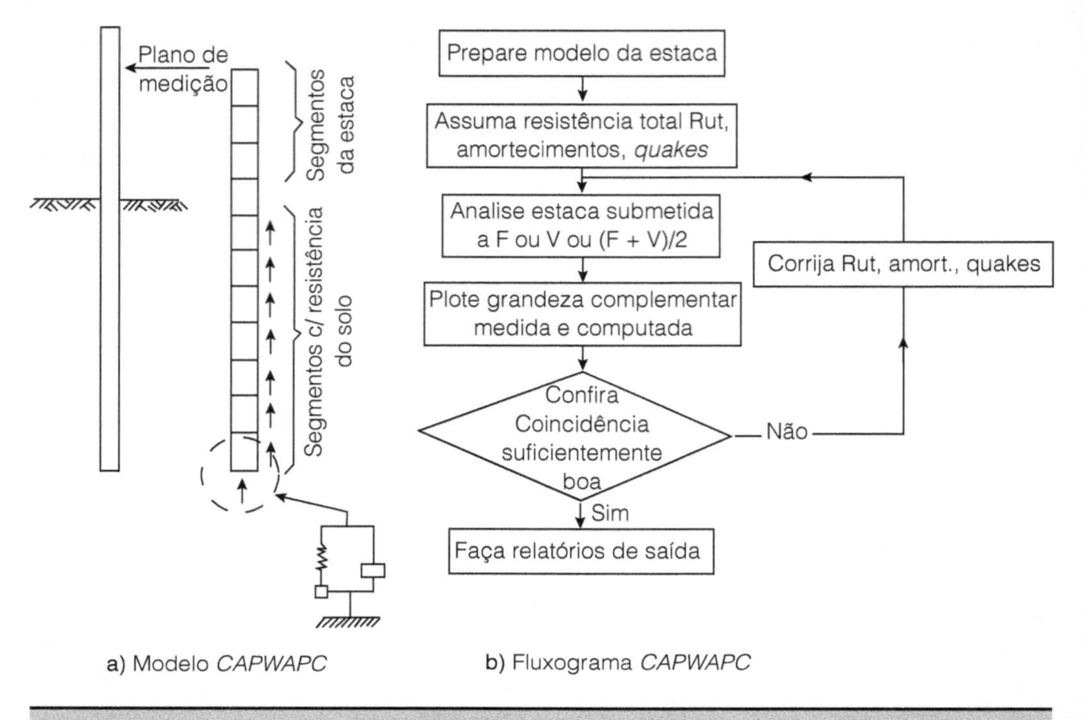

Figura 6.8 – Método *CAPWAPC*.

6.5 CONTROLE PELO REPIQUE

O repique representa a parcela elástica do deslocamento máximo de uma seção da estaca, decorrente da aplicação de um golpe do pilão. Este valor pode ser obtido, por exemplo, através de registro gráfico em folha de papel fixada na seção considerada, movendo-se um lápis, apoiado em régua fixa, lenta e continuamente durante o golpe (Figura 6.9).

O **repique** devidamente interpretado permite estimar, no instante da cravação, a carga mobilizada (Aoki, 1986). Um estudo comparativo entre essas cargas mobilizadas e aquelas extrapoladas, até a ruptura, a partir da curva carga x recalque de prova de carga estática, realizada nas mesmas estacas onde se mediu o repique, pode ser obtido em Aoki e Alonso (1989). O repique, mostrado no detalhe A da Figura 6.9, é composto de duas parcelas:

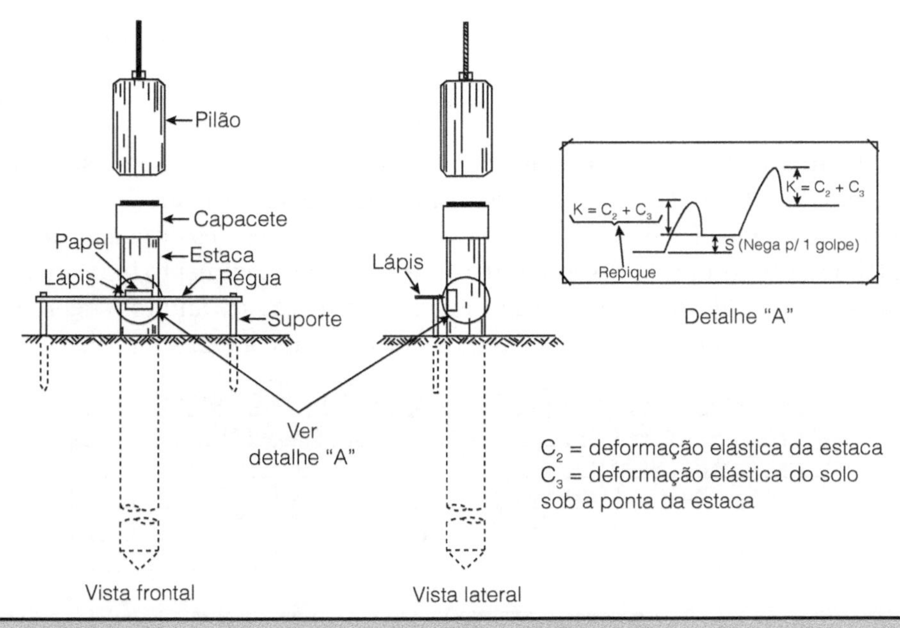

Figura 6.9 – Registro do repique.

A parcela C_2 corresponde à deformação elástica do fuste da estaca, sujeita ao diagrama de carga axial N_i, conforme se mostrou na Figura 4.11 do Capítulo 4. Esse diagrama de carga axial é obtido descontando-se da carga P, aplicada ao topo da estaca, a carga transferida, por atrito lateral, ao solo. A Figura 6.10 reproduz esse diagrama. Aplicando-se a lei de Hooke ao mesmo, tem-se:

$$C_2 = \frac{1}{AE} \int Nz \cdot dz \cong \frac{1}{A \cdot E} \Sigma\, N_i \Delta z_i \tag{6.17}$$

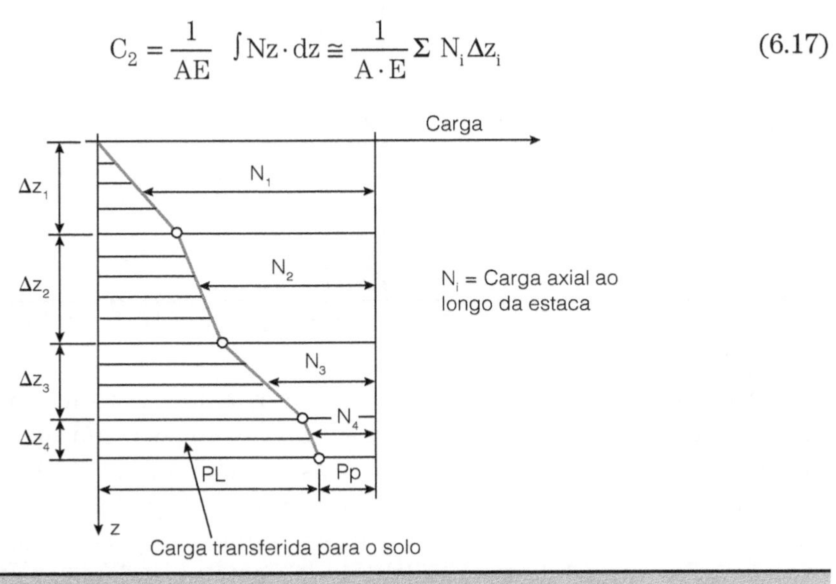

Figura 6.10 – Esforços axiais N_i ao longo da estaca.

Velloso (1987) propôs simplificar a expressão anterior, adotando

$$C_2 = \frac{0,7 \cdot \ell \cdot P}{A \cdot E} \tag{6.17a}$$

Quanto à parcela C_3, a mesma corresponde ao deslocamento elástico do solo sob a ponta da estaca. Para se conhecer seu valor, há a necessidade de se medir esse deslocamento. Uma primeira tentativa dessa medida, em estacas vazadas de concreto, foi feita por Souza Filho e Abreu (1990), usando o procedimento indicado, esquematicamente, na Figura 6.11. Com base nessas medidas, esses autores sugerem, para os solos do Distrito Federal, os valores indicados na Tabela 6.2.

Tabela 6.2 Valores de C_3 segundo Souza Filho e Abreu.

Tipo de solo	C_3 (mm)
Areias	0 – 2,5
Areias siltosas/Siltes arenosos	2,4 – 5,0
Argilas siltosas/Siltes argilosos	5,0 – 7,5
Argilas	7,5 – 10,0

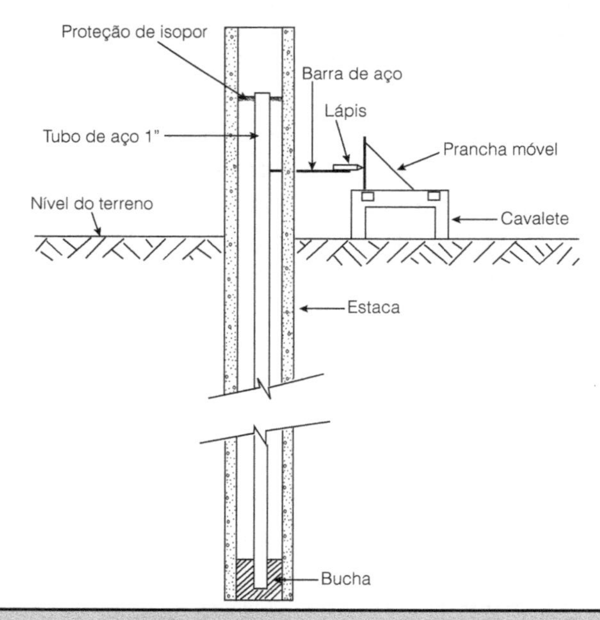

Figura 6.11 – Registro do valor C_3.

Na realidade, a expressão (6.16) é aproximada, visto que os deslocamentos máximos do topo e do pé não ocorrem ao mesmo tempo, conforme se mostra, esquematicamente, na Figura 6.5. Entretanto, essa maneira de se estimar a carga mobilizada das estacas apresenta resultados satisfatórios, do ponto de vista da Engenharia de Fundações, como comprovam os diversos trabalhos escritos sobre o assunto. A explicação do porquê desses resultados satisfatórios ainda não está totalmente esclarecida para o autor, que continua estudando o assunto.

Exemplo 6.3:

Estimar a carga mobilizada de uma estaca de concreto com seção transversal $A = 855\ cm^2$, módulo de elasticidade $E = 2500$ kN/cm2, comprimento de 15 m e repique $K = C_2 + C_3 = 14$ mm. Admitir que a ponta da estaca esteja em solo que apresenta $C_3 = 3$ mm.

Solução:

$$C_2 = 14 - 3 = 11 \text{ mm}$$

Usando a expressão (6.17a), tem-se:

$$P = \frac{1,1 \times 855 \times 2500}{0,7 \times 1500} = 2239 \text{ kN}$$

O sinal do repique, obtido pelo procedimento indicado na Figura 6.9, só fornece os valores máximo e mínimo do deslocamento do topo da estaca, mas não permite obter o desenvolvimento do sinal ao longo do tempo, pois o operador move o lápis manualmente. Para eliminar esse inconveniente, em 1988, a SCAC, juntamente com o Instituto de Pesquisas da FAAP, desenvolveu um equipamento, o RDD (Registrador Dinâmico de Deslocamentos), onde o repique é obtido de maneira mais precisa e o sinal é registrado em função do tempo (Aoki, Alonso e Trindade, 1990).

Os componentes básicos do RDD são apresentados na Figura 6.12 e consistem de um cilindro metálico (1) com 63 mm de diâmetro e 130 mm de altura, ao qual se fixa uma folha de papel com carbono. Para se manter o cilindro girando, o mesmo é ligado, por uma correia, ao motor (2) abastecido por corrente contínua (bateria). Para se conhecer a frequência de giro do cilindro, é acoplado ao mesmo um frequencímetro (3). É neste frequencímetro que está localizado o botão "liga-desliga" do motor, a partir do qual se comanda o sistema.

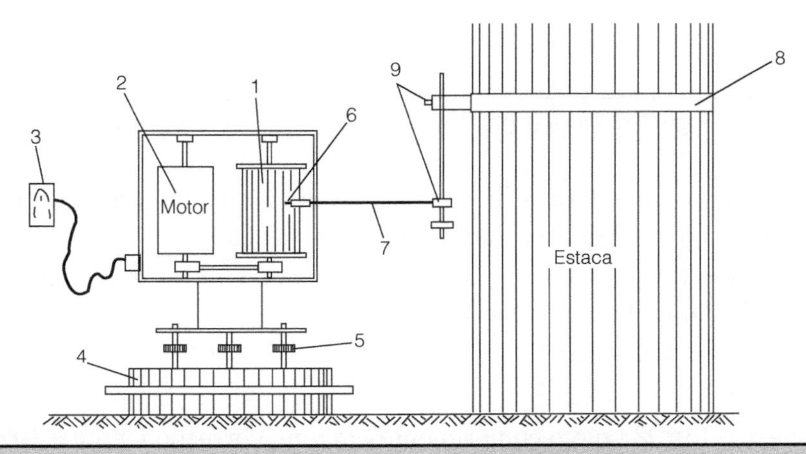

Figura 6.12 – Seção esquemática do RDD.

O conjunto motor-cilindro é apoiado sobre uma base maciça de ferro (4), por meio de três parafusos calantes (5), que permitem o nivelamento do conjunto motor-cilindro. O registro no papel, fixo ao cilindro, é feito por uma ponta metálica (6), pressionada contra o carbono que cobre o papel.

Essa ponta metálica é fixa por uma lâmina flexível a um braço (7) que, por sua vez, fixa-se à estaca por meio de cinta metálica (8) e parafusos de ajuste (9).

Montado o sistema, com a ponta metálica pressionada contra o carbono, levanta-se o pilão até uma altura prefixada e, mantendo-o nessa posição, aciona-se o motor do RDD e aguarda-se sua estabilização de giro (leitura constante no frequêncímetro). Durante essa operação, será obtido um traço contínuo no papel do cilindro, que servirá de referência, tanto para os deslocamentos da estaca como para a escala de tempo da ocorrência desses deslocamentos, visto que são conhecidos o diâmetro do cilindro e sua frequência de giro. Com o cilindro girando, deixa-se cair o pilão, obtendo-se assim o registro dos deslocamentos da estaca em função do tempo. Na Figura 6.13 apresenta-se um registro típico. Nessa figura observa-se um risco contínuo superior (a), correspondente ao primeiro traço registrado quando se esperou estabilizar o frequêncímetro e o pilão estava suspenso. A seguir, partindo desse risco, vê-se a curva de deslocamento da estaca (b), decorrente do golpe do pilão, e, ao final, um novo risco contínuo (c) inferior, correspondente ao deslocamento permanente (nega) para o golpe do pilão. Com base nessa figura pode-se obter o valor máximo da velocidade da seção da estaca, como se mostra a seguir.

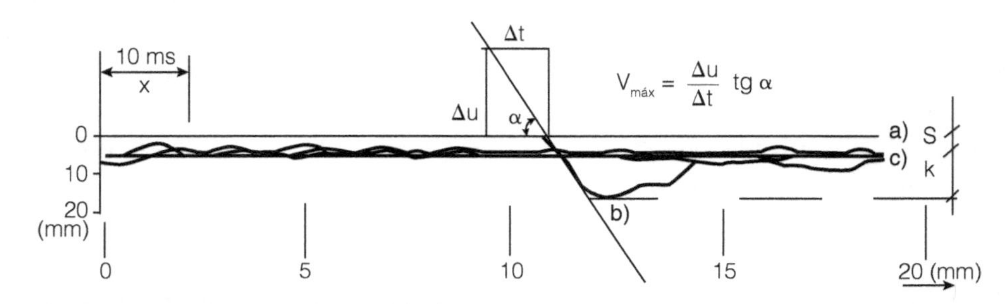

Figura 6.13 – Gráfico deslocamento x tempo do RDD.

A escala de tempo, fixada na Figura 6.13 em 10 ms, é correlacionada com a frequência n de giro do cilindro, conforme se mostra abaixo:

1 volta/s (= 1 volta/1000 ms) corresponde a um percurso do papel do cilindro de $\pi \cdot 63 = 197{,}92$ mm. Para n voltas por segundo (frequência medida), tem-se:

1000 ms → n. 197,92 mm

10 ms → x

Donde $x = 1{,}9792 \cdot n$ é o comprimento em mm, correspondente a 10 ms do cilindro girando a uma frequência de n ciclos por segundo.

6.6 TENSÕES DINÂMICAS DEVIDAS À CRAVAÇÃO

Antes do advento da equação da onda, as tensões nas estacas, decorrentes do golpe do pilão, eram calculadas dividindo-se a resistência R de cravação, obtida através das expressões (6.2) ou (6.3), pela área da seção transversal da estaca.

Verifica-se, atualmente, que esse procedimento dá resultados satisfatórios quando a estaca é curta, pois a mesma apresenta força de compressão praticamente igual à força R. Entretanto, se a estaca é longa, a tensão provocada pelo golpe do pilão gera uma onda que é refletida, e, portanto, aumenta a força de compressão na estaca (superposição de ondas longitudinais de compressão). Por essa razão, há necessidade de se manter sob controle os valores dessas tensões, para que não ocorram danos à estaca, como, por exemplo, esmagamento da sua cabeça. Esse esmagamento pode ser causado tanto por deficiência da armadura de cintamento junto ao topo da estaca como por altura de queda elevada do pilão, ou, ainda, por insuficiência do sistema de amortecimento do material do "cepo".

Para se estimar as tensões de compressão decorrentes dos golpes do pilão, podem-se usar as expressões extraídas da equação da onda, ou formulações mais simples, conforme pode ser visto em Lopes e Almeida (1985). Deste trabalho extraiu-se a formulação proposta por Gambini (1982). Segundo esse autor, quando as negas são pequenas (final da cravação), a tensão máxima de compressão no topo da estaca, utilizando-se as unidades kN, m e s, é obtida pela expressão:

$$\sigma = \frac{V_0 \cdot I_w \cdot C_F}{10 \cdot A} \quad (6.18)$$

em que:

$$V_0 = \sqrt{2gh} \quad (6.18)$$

$$h' = h\left[\frac{W}{W + W_c}\right]^2 \quad (6.20)$$

W = peso do pilão;

W_c = peso do capacete;

g = aceleração da gravidade (9,81 m/s²).

$$I_w = \sqrt{10 \cdot W \cdot k} \quad (6.21)$$

$$k = C \cdot A_m \frac{1}{\Sigma \frac{e}{E_m}} \quad (6.22)$$

C = 0,6 para cepo de madeira dura e 0,8 para cepo confeccionado com cordoalha de aço.

$$A_m = \frac{\pi D^2}{4}$$

em que:

D = diâmetro externo da estaca;

e = espessura (altura), tanto do cepo como do coxim;

$E_m = 8 \times 10^5$ kN/m² para a madeira dura ou para cordoalha de aço, e 2×10^5 kN/m² para o pinho.

$$C_F = 0,86\left[1 - e^{-1,12 I_R}\right] \quad (6.23)$$

$$I_R = \frac{\gamma \cdot c \cdot A}{I_w} \quad (6.24)$$

γ = peso específico do material da estaca;

A = área da seção transversal útil da estaca;

c = velocidade da onda (expressão 6.8).

Exemplo 6.4:

Calcular a tensão dinâmica que atuará numa estaca de concreto com 42 cm de diâmetro externo e 26 cm de diâmetro interno, decorrente dos golpes de um pilão com 30 kN de peso, caindo de 80 cm de altura. O capacete pesa 3 kN, possuindo um cepo de madeira dura, com 30 cm de espessura, e um coxim de pinho, com 8 cm de espessura.

Solução:

$$h' = 0,8\left[\frac{30}{30+3}\right]^2 = 0,66 \text{ cm}$$

$$V_0 = \sqrt{2 \times 0,66 \times 9,81} = 3,6 \text{ m/s}$$

$$k = 0,6 \times \frac{\pi \times 0,42^2}{4} \times \frac{1}{\frac{0,3}{8 \times 10^5} + \frac{0,08}{2 \times 10^5}} = 107\ 613 \text{ kN/m}$$

$$I_w = \sqrt{10 \times 30 \times 107\ 613} = 5\ 682 \text{ kN/m}^{-1}$$

$$I_R = \frac{24,5 \times 3\ 800 \times 0,0855}{5\ 682} = 1,4$$

$$C_F = 0,86\left[1 - e^{-1,12 \times 1,4}\right] = 0,68$$

$$\sigma = \frac{3,6 \times 5\ 682 \times 0,68}{10 \times 0,0855} = 16\ 268 \text{ kN/m}^2 \text{ ou } 16,27 \text{ MPa}$$

6.7 ENSAIO DE CARREGAMENTO DINÂMICO

O ensaio de carregamento dinâmico possui certa similaridade com a prova de carga estática cíclica rápida. O objetivo é a obtenção de uma curva carga mobilizada x recalque dinâmico máximo, referente a uma série de golpes do pilão com energias crescentes.

Na prova de carga estática cíclica realiza-se uma série de ciclos de carga e descarga da estaca. Em cada ciclo é imposto ao topo da mesma um deslocamento axial por meio de um macaco hidráulico: o carregamento é dito estático. A carga mobilizada, em cada ciclo, é medida a partir da leitura da tensão manométrica multiplicada pela área do pistão do macaco hidráulico. O deslocamento imposto é medido por intermédio de deflectômetros. No ensaio de carregamento dinâmico, aplica-se de forma análoga uma série de golpes do pilão. Em cada golpe do pilão imposto ao topo da estaca há um deslocamento axial causado pelo pilão que cai de uma certa altura: o carregamento é dito dinâmico. A carga mobilizada em cada golpe do pilão é obtida pela monitoração do golpe ou a partir da interpretação da curva deslocamento x tempo. O deslocamento pode ser medido de forma simples pelo método proposto na Figura 6.9 ou com aparelhos que permitam a obtenção da curva deslocamento x tempo para cada estágio de carga (Figuras 6.1 e 6.11).

6.8 ESTATÍSTICA DOS VALORES DE RESISTÊNCIAS

De posse dos gráficos de repique e de nega registrados para as estacas, calcula-se o valor da carga mobilizada, conforme se mostrou no exemplo 6.3, bem como a extrapolação desta carga até a carga de ruptura PR (procedimento proposto Aoki e Alonso (1989)). A carga PR é obtida através da multiplicação da carga mobilizada na cravação por um coeficiente, compreendido entre 1 e 1,15, fixado em cada caso em função do comprimento da estaca, da parcela de atrito e ponta, e da natureza e "cicatrização" ("*set-up*") do terreno.

Com os valores das resistências assim calculados realiza-se um estudo estatístico, obtendo-se a distribuição das frequências e a curva de Gauss para os vários diâmetros das estacas que estão sendo instrumentadas na obra. Obtém-se, também, os coeficientes de segurança mínimos garantidos, característico e médio, procedimento este já mencionado no Capítulo 2, Figura 2.16.

6.9 REFERÊNCIAS

ALONSO, U. R. (1992) "Controle da Carga Mobilizada em Estacas Cravadas Sujeitas à Ação de Atrito Negativo" – *Rev. Solos e Rochas* – Volume 15, n. 1.

AOKI, N. (1986) "Controle in situ da Capacidade de Carga de Estacas Pré-fabricadas via Repique Elástico da Cravação" – Publicação da ABMS, Núcleo Regional de São Paulo.

AOKI, N. (1989) "A New Dynamic Load Tests Concept" – XIII CSMFE – Rio de Janeiro.

AOKI, N. e ALONSO, U. R. (1989) "Correlation Between Different Procedures of Static and Dynamic Load" Tests and Rebound" – XII ICSMFE – Rio de Janeiro.

AOKI, N.; ALONSO, U. R. e TRINDADE, O. A. (1990) "Aplicação do Registrador Dinâmico de Deslocamentos (RDD) na Avaliação da Carga Mobilizada em Estacas Cravadas" – SINGEO 90 – Rio de Janeiro.

BOWLES, J. E. (1977) "Analytical and Computer Methods in Foundation Engineering".

GAMBINI, F. (1982) "Manuale dei Piloti SCAC".

GOBLE, G. G.; RAUSCHE, F. G. e LIKINS, F. G. (1980) "The Analysis of Pile Driving" – A State of Art – Seminar on Application of Stress Wave Theory on Piles, Royal Institute of Technology, Stockolm.

LOPES, F. R. e ALMEIDA, H. R. (1985) "O problema de Tensões de Cravação em Estacas Pré-moldadas de Concreto" – 3° Simpósio Regional de Mecânica dos Solos e Engenharia de Fundações – Salvador.

NIYAMA, S. e ROCHA, J. L. R. (1983) "Fundamentos da Instrumentação deCravação das Estacas" – Encontro Técnico sobre "Projeto e Execução de Fundações de Estruturas *Off-Shore*" – ABMS, Núcleo Regional de SãoPaulo.

NIYAMA, S. (1985) "Provas de Carga Dinâmicas" – SEFE – Simpósio de Fundações Especiais – São Paulo.

RAUCHE, M. e GOBLE, G. G. (1985) "Dynamic Determination of Pile Capacity" – *Journal of Geote. Eng.* – ASCE, March.

SMITH, E. A. L. (1960) "Pile Driving Analysis by the Wave Equation" – *Journal of Soil Mechanics and Foundation* ASCE – Tradução n. 8 da ABMS (Núcleo Regional de São Paulo).

SOUSA FILHO, J. M. e ABREU, P. S. B. (1990) "Procedimentos para Controle de Cravação de Estacas Pré-moldadas de Concreto" 6° CBGE/IX COBRASEF – Salvador.

VELLOSO, P. P. C. (1987) "Fundações – Aspectos Geotécnicos", Publicação NA 01/82, PUG-RJ.

7 CONTROLE DE RECALQUES E DE CARGAS

7.1 INTRODUÇÃO

Quando as cargas mais importantes nas fundações são verticais, o acompanhamento da evolução dessas cargas, bem como dos seus correspondentes recalques, constitui um importante conhecimento para a avaliação do comportamento da estrutura.

A norma NBR 6122:2010, em revisão no momento de publicação deste livro, obriga a verificar o desempenho das fundações, conforme já exposto no item 5.4. Tal controle tem quatro objetivos:

a) acompanhar o funcionamento da fundação, durante e após a execução da obra, para permitir tomar, em tempo, as providências eventualmente necessárias;

b) esclarecer anormalidades constatadas em obras já concluídas;

c) ganhar experiência local quanto ao comportamento do solo sob determinados tipos de fundação e carregamentos;

d) permitir a comparação de valores medidos com valores calculados, visando o aperfeiçoamento dos métodos de previsão de recalques e de fixação das cargas admissíveis.

Em obras de pequeno porte, onde não se justifique economicamente um controle de recalques e de cargas, conforme exposto, o acompanhamento da abertura de eventuais fissuras que porventura apareçam nessas obras poderá fornecer, de maneira expedita, uma ideia do comportamento da estrutura, visto que uma das consequências dos recalques diferenciais é o aparecimento de fissuras. Esse acompanhamento é feito conforme se mostra na Figura 7.1, extraída de Costa Nunes (1956). Inicialmente traça-se, a lápis, um sistema de eixos ortogonais, vertical (traçado com o auxílio de fio de prumo) e horizontal (traçado como auxílio de nível de pedreiro), que ultrapassam a fissura nos dois sentidos (Figura 7.1a). Anota-se a data e medem-se as distâncias h_1 e v_1, a partir da origem do sistema de referência. Medem-se também as aberturas da fi ssura, na intersecção dos dois eixos com a mesma, utilizando-se o "fissurômetro" (Figura 7.2) ou qualquer outro instrumento de precisão de medida.

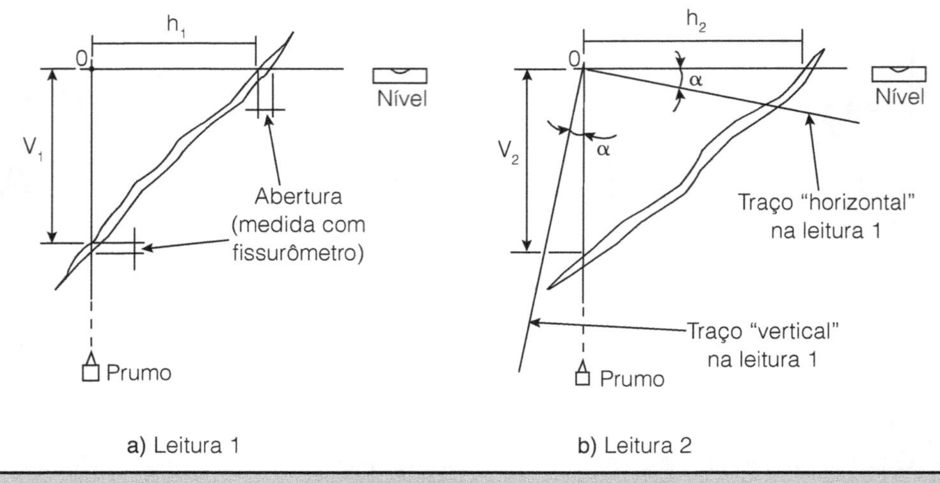

Figura 7.1 – Controle de fissuras.

Repetir a cada nova leitura esse procedimento, medindo-se, adicionalmente o ângulo α (Figura 7.1b).

Para se saber como evoluiu a fissura entre duas leituras quaisquer, basta transcrever, superpondo em papel vegetal, as Figuras 7.1a e 7.1b, conforme se mostra na Figura 7.3. O acompanhamento da evolução das fissuras, utilizando-se selos de gesso ou colando-se tiras de papel ou, ainda, placas de vidro, não são tão eficientes e por isso devem ser substituídas pelo procedimento mencionado.

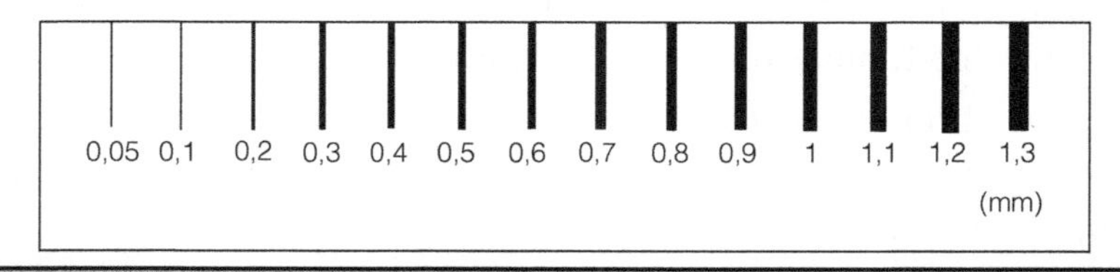

Figura 7.2 – Fissurômetro.

7.2 MEDIDAS DOS RECALQUES

A medida dos recalques é feita nivelando-se pontos de referência, constituídos por pinos engastados na estrutura (geralmente nos pilares), em relação a uma referência fixa de nível (RN). Esses pinos servirão de apoio à "mira" utilizada no nivelamento. Os mesmos são constituídos de duas partes: a "fêmea" (que fica fixa à estrutura) e o "macho" (que é rosqueado somente durante as leituras), conforme se mostra na Figura 7.4.

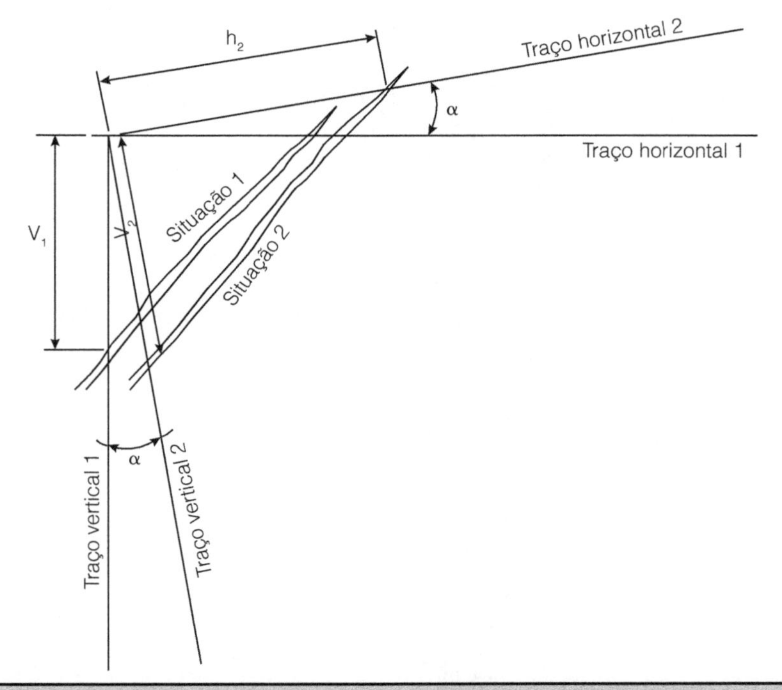

Figura 7.3 – Movimento relativo da fissura entre leituras 1 e 2.

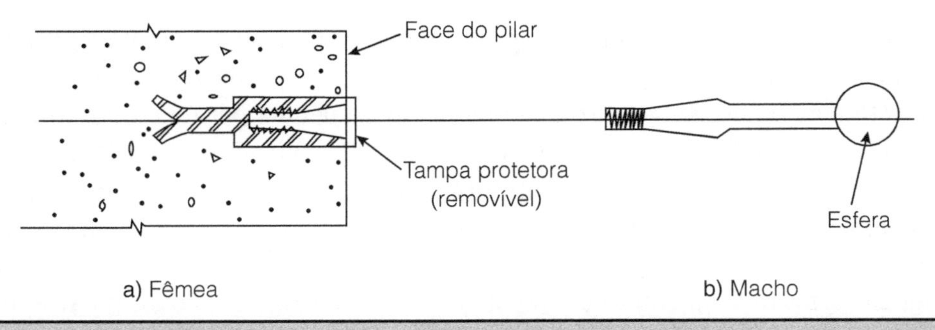

Figura 7.4 – Detalhe do pino de leitura de recalque.

A referência de nível, para o nivelamento dos pinos, costuma ser instalada de forma a não sofrer influência da própria obra ou outras causas que possam comprometer sua indeslocabilidade. Geralmente são engastadas em camadas profundas, através da injeção de nata de cimento, onde se possa admitir que se encontra o "indeslocável". Esse tipo de referência de nível (*benchmark*) consiste em um tubo de uma polegada de diâmetro, instalado em um furo de sondagem à percussão, e protegido por outro externo, com duas polegadas de diâmetro. Para evitar influência de tubo externo sobre o interno, injeta-se graxa grafitada e anticorrosiva entre os mesmos (Figura7.5).

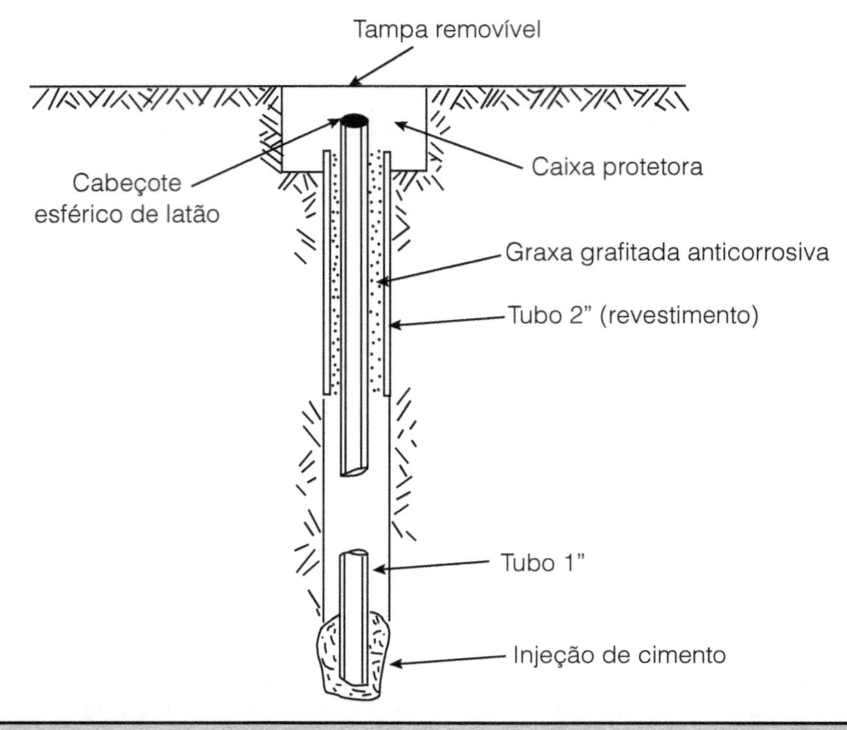

Figura 7.5 – R.N. profundo (*benchmark*).

O *benchmark* geralmente é instalado em local pouco movimentado, e sua extremidade superior é protegida por uma caixa com tampa removível. A fim de verificar a estabilidade do *benchmark*, são feitos nivelamentos periódicos em relação a outros pontos de referência (por exemplo, prédios estabilizados distantes).

A medição dos recalques é feita utilizando-se nível óptico de precisão (por exemplo, WILD N3), ou ainda, o nível baseado no princípio dos vasos comunicantes, desenvolvido por Terzaghi (Figura 7.6). Para se minimizar o erro das leituras, devem ser feitos vários nivelamentos com poligonal fechada. Quando não for possível realizar nivelamentos fechados, o erro de fechamento deve ser distribuído pelo número de pinos desse percurso.

Atualmente são poucas as firmas que utilizam o nível de Terzaghi, pois o mesmo apresenta pouca precisão quando ocorrem vibrações e variações de temperatura.

A quantidade de pinos a instalar depende da área e da importância da obra. O ideal é sempre instalar o maior número possível (de preferência em todos os pilares), pois, durante os serviços de acompanhamento dos recalques, alguns desses pinos costumam ser danificados ou ficar impedidos de acesso, conforme se pode ver na Tabela 7.1, pinos de n. 7, 8, 15 e 17. Para uma primeira estimativa, pode-se prever da ordem de um pino para cada 30 m² da área a controlar.

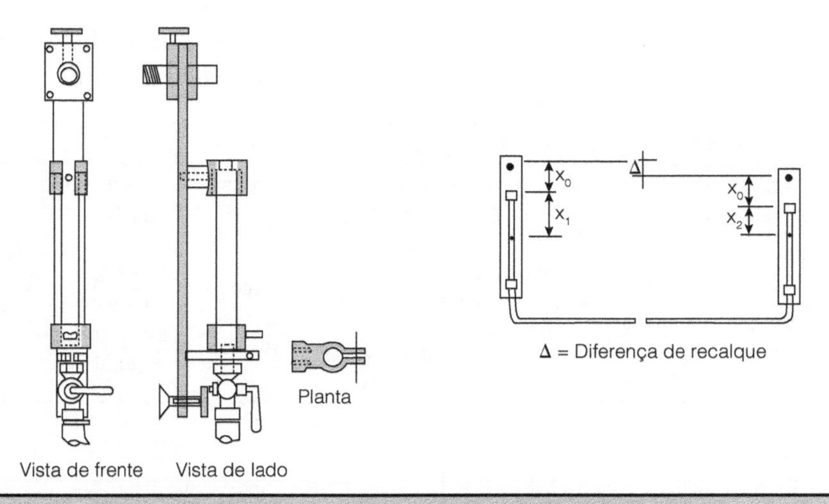

Figura 7.6 – Medidor de nível de Terzaghi.

A disposição, em planta, dos pinos e do *benchmark* deve constar de um desenho, onde se numeram os mesmos, conforme se mostra na Figura 7.7. A Tabela 7.1 apresenta os valores dos recalques medidos na 8ª leitura da obra indicada na Figura 7.7. Nessa tabela aparecem também os recalques acumulados até a leitura anterior (7ª leitura), os recalques parciais ocorridos entre a 7ª e a 8ª leituras, os acumulados até a 8ª e as velocidades médias de recalque ocorridas entre a 7ª e a 8ª leituras. Além disso, nessa tabela são registrados os acidentes com alguns dos pinos (n. 7, 8, 15 e 17).

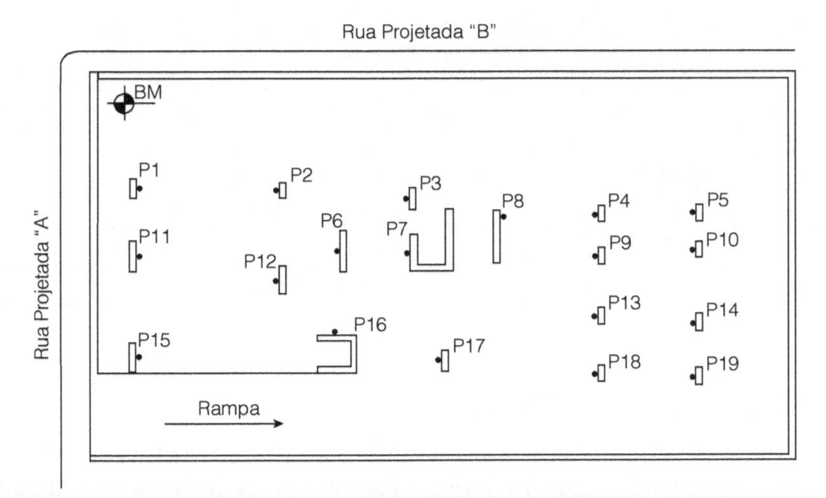

Figura 7.7 – Locação dos pinos (P) e *benchmark*.

Com base nos valores da Tabela 7.1 é elaborado o desenho de "curvas de igual recalque", conforme se indica na Figura 7.8. Esse desenho é de grande importância, pois permite uma visão global do comportamento da obra. Por exemplo, ao se olhar a Figura 7.8, verifica-se que o prédio está se inclinando no sentido da Rua Projetada "B" e em diagonal sobre a reta que une o pino P18 ao *benchmark* (BM).

Tabela 7.1 Quadro de controle de recalques.

Pinos	Data: 09.12.87	Data: 24.06.88	Δ dias TT 198	Data: 06.12.88	Δ dias TP/65	Δ dias TT 363	Velocidade de recalque (μ/dia)
	Leitura n. 1	Leitura n.7	Recalque acumulado até 7ª leit. (mm)	Leitura n. 8	Recalque parcial (mm)	Recalque acumulado até 8º leit. (mm)	
	Cota de referência (m)	Cota observada (m)		Cota observada (m)			
1	100,3979	100,3895	8,4	100,3890	0,5	8,9	3
2	100,4080	100,3970	11,0	100,3970	0,0	11,0	0
3	100,7735	100,7638	9,7	100,7630	0,8	10,5	5
4	100,5213	100,5117	9,6	100,5107	1,0	10,6	6
5	100,5786	100,5691	9,5	100,5690	0,1	9,6	1
6	100,7108	100,7001	10,7	100,7000	0,1	10,8	1
7	100,8627	100,8530	10,0	Impedido por estoque de materiais			
8	100,0520	100,0410	11,0	Impedido por estoque de materiais			
9	100,4588	100,4502	8,6	100,0401	0,9	9,5	5
10	100,5584	100,5508	7,6	100,5500	0,8	8,7	5
11	100,4378	100,4289	8,9	100,4288	0,1	9,0	1
12	100,3799	100,3690	10,9	100,3690	0,0	10,9	0
13	100,4118	100,4024	9,4	100,4024	0,0	9,4	0
14	100,4818	100,4751	6,5	100,4750	0,1	6,6	1
15	100,4284	100,4190	10,0	Destruído			
16	100,5196	100,5090	10,6	100,5087	0,3	10,9	2
17	100,4701	100,4612	8,9	Rosca espanada			
18	100,4595	100,4533	4,7	100,4530	0,3	5,0	2
19	100,4144	100,4082	6,2	100,4080	0,2	6,4	1

7.3 VELOCIDADE DO RECALQUE

Além da necessidade de se controlar os recalques diferenciais para mantê-los dentro de valores que não causem danos à estrutura, conforme exposto no Capítulo 3 (Figura 3.8 e Tabela 3.1), também a velocidade do recalque deve ser controlada. Nesse aspecto, pouco se tem divulgado, e por isso ainda é um assunto que necessita ser melhor estudado. Para início de discussão do assunto, apresentam-se a seguir os valores que temos utilizado em nossa atividade profissional.

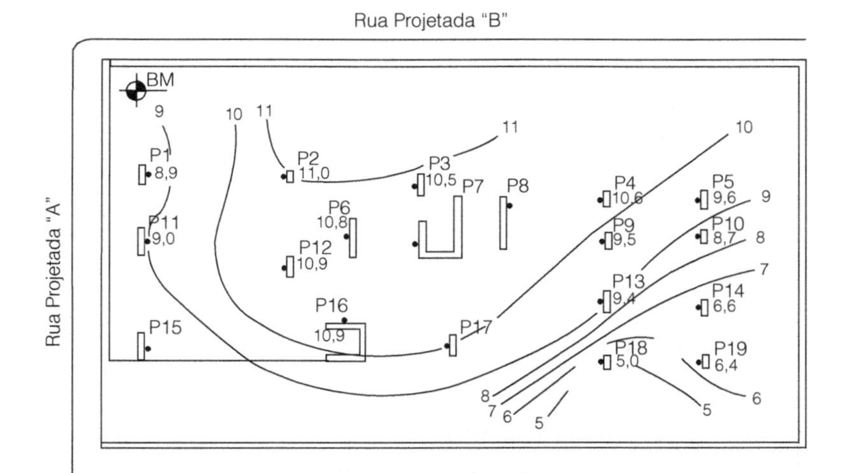

Figura 7.8 – Curvas de igual recalque (mm) – 8ª leitura.

Em prédios construídos há mais de cinco anos e considerados estabilizados, é comum se registrarem velocidades dos recalques inferiores a 20 μ/dia. Nesses mesmos prédios, velocidades entre 20 e 40 μ/dia são consideradas de moderadas a altas, e acima de 40 μ/dia são consideradas muito altas, e, portanto, preocupantes.

Para prédios construídos há mais de um ano e menos de cinco são aceitáveis velocidades de 30 μ/dia.

Prédios em construção e apoiados em fundação rasa podem ser considerados normais quando apresentam velocidades de até 200 μ/dia. Se forem apoiados em fundações profundas, essa velocidade deverá ser reduzida para 100 μ/dia.

Cabe lembrar que esses valores são para os casos definidos como "normais". Porém, os mesmos poderão ser maiores, temporariamente, devido a fatores externos à obra, como, por exemplo, rebaixamento de lençol d'água, escavações de valas profundas próximas à obra, ação de "atrito negativo" em estacas etc.

7.4 MEDIDAS DE CARGAS

O controle de recalques deve incluir, também, a estimativa da carga atuante nos pilares por ocasião da medida dos recalques, de modo a permitir o traçado da curva carga x recalque. Visando diminuir custos de controle, normalmente essas cargas são estimadas a partir dos desenhos do calculista, porém tal procedimento não é correto, pois a carga nos pilares varia com a evolução dos recalques diferenciais que vão se processando na estrutura, à medida que a mesma vai sendo carregada (interação solo-estrutura).

Para se medir a carga nos pilares, podem ser usados os extensômetros, que são aparelhos que medem encurtamentos elásticos. Várias firmas já comercializam estes aparelhos e os centros de pesquisas de nossas universidades têm desenvolvido os mais diversos tipos, que atendem as nossas necessidades. Veja-se, por exemplo, Miranda Soares (1979) e catálogos da Divisão de Engenharia Civil – Agrupamento de Fundações do IPT de São Paulo.

O cálculo da carga N atuante no pilar será estimada aplicando-se a lei de Hooke.

$$N = A \cdot E \cdot \frac{\Delta}{\ell_i} \tag{7.1}$$

em que:

A = área da seção transversal do pilar;

E = módulo de elasticidade do material do pilar;

$\Delta\ell = \ell_i - \ell_n$ = encurtamento ocorrido no pilar entre as leituras inicial ℓ_i e final ℓ_n;

ℓ_i = comprimento inicialmente lido pelo extensômetro (Figura 7.9).

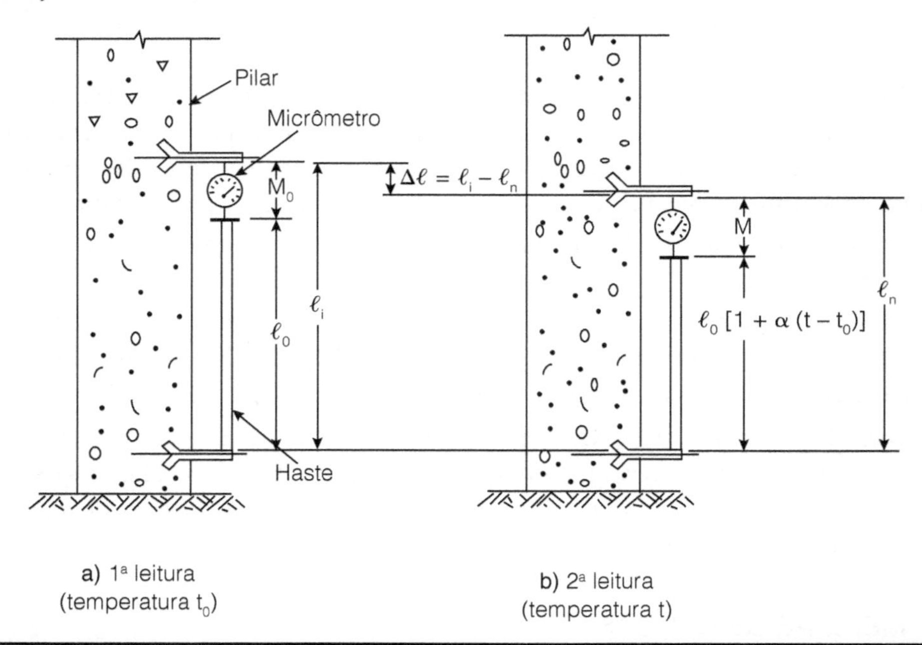

Figura 7.9 – Extensômetro mecânico.

Na expressão 7.1, o único parâmetro a ser estimado é o módulo de elasticidade E, pois os pilares têm diferentes percentagens de armaduras e, além disso, sua resistência aumenta até se estabilizar. A primeira estimativa do valor de E pode ser feita a partir da resistência característica (fck) do concreto do pilar, conforme expressão da norma NBR 6118 da ABNT, válida para a unidade de MPa, tanto para E quanto para fck.

$$E \cong 6\ 600\sqrt{fck + 3{,}5} \tag{7.2}$$

Os valores da resistência podem ser obtidos por ensaios não destrutivos (ultrassons, raios X e esclerometria) ou por meio de ensaios de laboratório de corpos de prova extraídos dos pilares.

Outra maneira de se estimar o módulo de elasticidade do pilar consiste em moldar corpos de prova com o concreto usado na confecção do pilar e com a mesma taxa de armadura. A ruptura desses corpos de prova, em laboratório, com medida de encurtamento, fornecerá o módulo de elasticidade, pela simples aplicação da lei de Hooke. Os extensômetros para as medidas do encurtamento do pilar podem ser mecânicos, elétricos e de corda vibrante.

7.5 EXTENSÔMETROS MECÂNICOS

Basicamente estes extensômetros utilizam uma haste e um micrômetro(M_0 e M da Figura 7.9). Para se ter boa precisão nos resultados, deve ser utilizada uma haste com comprimento da ordem de 2 a 3 metros. Por isso, há necessidade de se levar em conta, a cada leitura, a correção do comprimento desta haste, devido à variação da temperatura, que deverá ser medida com termômetro com precisão de décimo de grau centígrado.

A menos do efeito da temperatura, o valor ℓ_0 da haste é uma constante e o encurtamento $\Delta\ell$ será obtido pela variação das medidas e fetuadas pelo micrômetro (M_0 e M da Figura 7.9). A leitura inicial será, portanto (Figura 7.9a):

$$\ell_i = \ell_0 + M_0 \tag{7.3}$$

As leituras posteriores serão (Figura 7.9b):

$$\ell_n = \ell_0\left[1+\alpha\left(t-t_0\right)\right]+M \tag{7.4}$$

em que:

α é o coeficiente de dilatação linear do material da haste;

$(t - t_0,)$ é a diferença de temperatura ocorrida entre as duas leituras;

M é a medida obtida com o micrômetro.

Geralmente, o micrômetro é instalado na hora em que se fazem as leituras e, portanto, há necessidade de se verificar se, de fato, as leituras podem ser consideradas de mesma precisão. Quando houver dúvida, realizam-se várias medidas (da ordem de 5) e adota-se, como valor mais provável, a média aritmética das mesmas, desde que seus resíduos sejam inferiores ao erro tolerável.

O resíduo de cada medida é a diferença entre o valor medido e a média aritmética de todas as leituras. A somatória dos resíduos é nula.

O erro tolerável é adotado igual a três vezes o erro médio quadrático obtido pela expressão:

$$e = \sqrt{\frac{\Sigma X_i^2}{n}} \qquad (7.5)$$

em que:

X_i é o resíduo de cada medida;

n é o número de medidas realizadas. Portanto, o erro tolerável será:

$$e_{tolerável} = \pm 3 \cdot e \qquad (7.6)$$

O exemplo a seguir esclarece o assunto.

Exemplo 7.1:

Para se estimar a carga no pilar P1 da Figura 7.7, foram efetuadas 5 medidas com o micrômetro, cujos valores, em milímetros, estão indicados a seguir:

159,48; 159,43; 159,44; 159,52; 159,56.

Quer-se o valor mais provável da medida.

Solução:

Consideradas todas as medidas como de mesma precisão, o valor mais provável será a média aritmética

$$M = \frac{159,48 + 159,43 + 159,44 + 159,52 + 159,56}{5}$$

$$\therefore M = 159,486 \text{ mm}$$

E necessário verificar se, de fato, todas as medidas podem ser consideradas de mesma precisão. Para isso, todos os resíduos devem ser inferiores ao erro tolerável. Os resíduos são:

$X_1 = 159,48 - 159,486 = -0,006$mm

$X_2 = 159,43 - 159,486 = -0,056$mm

$X_3 = 159,44 - 159,486 = -0,046$mm

$X_4 = 159,52 - 159,486 = 0,034$mm

$X_5 = 159,56 - 159,486 = 0,074$mm

$\Sigma = 0,0$

Conforme se verifica, a soma dos resíduos é nula, o que mostra não haver engano. Elevando-se os resíduos ao quadrado, tem-se:

$$X_1^2 = 0,000036 \text{ mm}^2$$
$$X_2^2 = 0,003136 \text{ mm}^2$$
$$X_3^2 = 0,002116 \text{ mm}^2$$
$$X_4^2 = 0,001156 \text{ mm}^2$$
$$X_5^2 = 0,005476 \text{ mm}^2$$

cuja soma é

$$\Sigma X_i^2 = 0,01192 \text{ mm}^2$$

e, portanto, o erro médio quadrático será:

$$e = \pm\sqrt{\frac{0,01192}{5}} = \pm 0,048826 \text{ mm}$$

Como o erro tolerável é três vezes maior, seu valor será:

$$e_{\text{tolerável}} = 3 \times 0,0488 = \pm\ 0,1464 \text{ mm}$$

Verifica-se que nenhum dos resíduos é maior que o erro tolerável; logo, todas as medidas podem ser consideradas, como foram, de mesma precisão. Se um dos resíduos fosse maior que o erro tolerável, dever-se-ia abandonar a medida de que proveio e refazer o cálculo apenas com as outras medidas.

7.6 EXTENSÔMETROS ELÉTRICOS

Estes tipos de extensômetros, também denominados *strain-gauges*, baseiam-se no princípio da variação de resistência elétrica de fios que experimentam variação de comprimento. Geralmente, esses extensômetros utilizam a "ponte de Wheatstone", cujo esquema é mostrado na Figura 7.10. O transdutor de deformação específica, mostrado na Figura 6.1 do Capítulo 6, é um aparelho desse tipo.

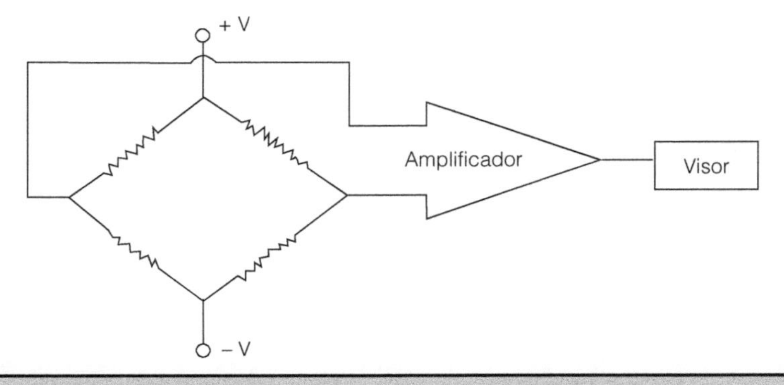

Figura 7.10 – Esquema de extensômetros elétricos.

O problema que apresentam esses aparelhos é que a variação de resistência também é afetada pela variação de temperatura, e os mesmos, geralmente, não dispõem de correção para esta variável.

7.7 EXTENSÔMETROS DE CORDA VIBRANTE

O princípio de operação destes extensômetros é baseado na variação da frequência natural de vibração de um fio de aço, tipo "corda de violão", esticado, com tensão controlada, entre dois pontos. Quando a corda é excitada, a mesma vibra em sua frequência natural. Ao se promoverem variações de comprimento dessa corda, modifica-se sua frequência natural de vibração.

7.8 REFERÊNCIAS

COSTA NUNES, A. J. da (1956) "Curso de Mecânica dos Solos e Fundações" – Editora Globo.

DUÓ, A. (1984) "Instrumentação de Diafragmas e Estacas Escavadas" – Dissertação de Mestrado – Escola Politécnica da USP.

MIRANDA SOARES, M. (1979) "Instrumentação de Escavações" – Experiência da COPPE/UFRJ – Palestra.